DPTA 冷热源机房装配式施工技术与实践

吴　潇　祝义成　主　编

中国建筑工业出版社

图书在版编目（CIP）数据

DPTA冷热源机房装配式施工技术与实践/吴潇，祝
义成主编. —北京：中国建筑工业出版社，2022.10
ISBN 978-7-112-27882-4

Ⅰ. ①D… Ⅱ. ①吴… ②祝… Ⅲ. ①机房-空气调节
系统-工程施工-中国 Ⅳ. ①TU244.5

中国版本图书馆CIP数据核字（2022）第166925号

　　本书共分10章，分别是：总则、装配式机房实施流程、设计、加工、运
输、装配、安全与环境管理、移交使用、项目案例、附件。本书作为冷热源机
房装配式施工技术与实践，是以DPTA装配技术为基础，围绕冷热源机房装
配式实施的全流程进行讲述。内容涵盖冷热源机房装配式的实施组织架构，实
施流程，以及包含具体的项目案例。本书还专门介绍了一站式机房的设计
理念。

　　本书可供机电安装施工企业、设计单位、建设单位的技术人员和管理人员
使用，也可供大专院校师生，设备厂家技术人员使用。

＊　　　＊　　　＊

　　责任编辑：胡明安
　　责任校对：董　楠

DPTA冷热源机房装配式施工技术与实践
吴　潇　祝义成　主　编
＊
中国建筑工业出版社出版、发行（北京海淀三里河路9号）
各地新华书店、建筑书店经销
霸州市顺浩图文科技发展有限公司制版
北京君升印刷有限公司印刷
＊
开本：787毫米×1092毫米　1/16　印张：14　字数：346千字
2022年10月第一版　　2022年10月第一次印刷
定价：**46.00**元
ISBN 978-7-112-27882-4
（39868）

本书编审委员会

主 任 委 员：丁文军

副主任委员：徐建中 裴以军

委　　　员：李永峰 吴　潇 张　波 祝义成 王义得 康增彦

本 书 主 编：吴　潇 祝义成

本 书 主 审：丁文军

编委成员：刘　娇 贺　程 雷　雨 韦晓欢 王　瑞 苏　曦

　　　　　杨　文 孙　航 陈苗苗 李　直 刘芳赟 赵国宝

　　　　　吴　静 刘亿迪 张　敏 王国瑞

技术顾问：高　然 西安建筑科技大学，教授，博士生导师，建筑设备科学与

　　　　　　　　工程学院副院长

　　　　　杜　涛 长安大学，博士后，副教授，硕士研究生导师

　　　　　董耀军 中国建筑西北设计研究院有限公司 BIM 设计研究中心主任，

　　　　　　　　陕西省土木建筑学会 BIM 技术专业委员会主任委员

　　　　　李永伟 上海品邑模机电技术服务中心，合伙人

　　　　　周仁荣 中建丝路建设投资有限公司

序　言

2016年，中建三局安装工程有限公司在西安永利国际金融中心项目，创新研发DP-TA预制装配机房施工技术，拉开了我司在建筑工业化研究领域的大幕。2017年建立公司数字化产研中心，并承担中建三局集团有限公司安装分院对建筑安装工程先进技术的研究任务。中心通过采购，定制开发，自主研发等路径，具备种类齐全的管道预制加工设备，为建筑安装工业化提供强有力的保障。同时中心具备"研发＋生产＋维保＋对外展示＋员工实训"的综合能力，有效地推动建筑安装工业化的发展。

1. 建筑安装工业化的探索与实践

设备机房由于施工工艺和工序较为复杂，且又相对施工管理独立的施工部位，同时管线密集且焊缝集中，是建筑安装工业化研究最具备综合经济效益的施工部位，因此预制装配机房施工技术是建筑安装工业化研究的重要突破口。预制装配机房的创新者与引领者，数字化产研中心，历经6年开启了建筑安装工业化探索的新征程。在成功实施的DPTA预制装配机房的过程中，取得了丰硕的成果。首先保障的项目的施工工期，助力项目完美履约。在西安永利国际金融中心项目中，首次采用DPTA装配式机房，树立行业新标杆。在乌鲁木齐高铁综合服务中心项目上，采用DPTA双层泵组设计，节省建筑面积60%，为业主创造更大的价值。在国际医学中心项目中，在土建结构未完成前就进行工厂预制，打破了之前的传统施工模式。在安康体育馆项目中，更是十四届全运会场馆中第一个完成使用DPTA预制装配的场馆，确保了项目的工期和质量。在郑州地铁3号线项目中，针对地铁项目特点，研究采用一站式机房设计理念，缩短机房建设工期，适用于全国地铁项目。在上述DPTA装配式机房实践过程中，通过建筑安装工业化的生产模式，完美助力项目履约，彰显建筑安装工程的匠心品质，同时也面临众多困扰，亟待解决。

2. 建筑安装智能化与工业化的探析

不同的专家学者对建筑安装智能化的定义有着不同的看法，本书认为建筑安装智能化与工业化的是以工业化与机械化生产，数字化与智能化管理，绿色化与低碳化为目标的建造理论方法。建筑安装智能化与工业化的本质不是单一的建立预制加工中心，更改生产场地；也不是单一的采用BIM技术，抑或是采用类似智慧工地的管理工具，而是代表新的生产关系和新型生产力。智能化与工业化是建筑行业转型升级，实现高质量发展的必然要求。未来的建筑安装定是以数字化、智能化升级为动力，形成涵盖科研、设计、生产加工、施工装配、运营等全产业链融合一体的智能建造产业体系。如何实现建筑安装智能化与工业化协同发展，本人根据几年来的建筑工业实践经验有以下四点思考。

（1）数字化设计生态协同

首先是建立顶层的设计架构，逐步建立完善的设计体系。例如目前的机电预制装配设计基本由施工单位主导，根据设计院的平面与系统图，联系各类建筑构件设备厂家，建立精细的三维模型，拆分加工模型，出加工装配图纸。一张建筑图纸拆分几十上百张的预制加工图纸，再交由加工工人从加工图纸中提取加工必要的加工数据，进行生产加工。整个设计的精细化程度成倍提高，精细化的设计是能够提高建造效率和材料利用率，同样也是造成了设计成本的增加。造成设计成本的增加的一方面原因是设计工具的更新速度没能赶上数字化设计的需求，而另一方面的原因也是在设计师，设计工具，建筑构件供应商，和业主的需求不能及时协同。国内建筑行业的普遍都是"高周转"，图纸在施工的前一天都会发生变化，施工图纸变化不能即刻体现在生产端的加工图纸中。当初费尽心力地花了十倍精力的精细化设计加工图纸付之一炬，其中的成本又是谁来承担？目前与建筑安装智能化与工业化的相关标准空白太多，在实施的过程中，得不到设计、业主、监理等其他参与方的一致认可，期间沟通成本高，也是需要急需解决的问题。应围绕数字设计、智能生产、智能施工，开展基础共性标准、关键技术标准、行业应用标准研究，构建先进适用的智能建造及建筑工业化标准体系。

其次是要强化系统性集成设计，加强设计引领。建筑安装智能化与工业的推进一定是结合建筑结构，建筑、结构、装修，建筑智能等多专业一体化。安装工程的工艺工序在建筑工业化的序列中会做调整，乃至施工专业内容都会重新划分，最明显的就是建筑PC构件预制中集成部分水电管线。在数字化设计协同过程中，要强化设计引领建筑业全生命周期。设计不能仅仅考虑使用功能，综合考虑部品部件的生产运输，施工安装和运营维护。例如设计的产品部件能不能利用生产体系内的加工设备实现批量化数字加工，能不能用机械设备进行机械化装配。这就需要技术策划方案，统筹规划设计。

最后是建立数字化设计平台。为什么要提数字化设计，因为数字化是比图形化更加最高效，数字化加工装备也是数字化驱动加工构件的。举个简单的例子，工人要切割两根1m长的DN50的钢管，我们完全没有必要去在图纸上画好两根钢管，再去标准好外径尺寸和长度，交给加工人，工人再去设备上输入切割参数。我们的加工是如此，安装也是如此，空间位置关系可以用坐标数字表示，未来的工业化安装，识别数字也比识别图纸简单得多。数字设计基础平台就是要实现设计、工艺、制造，安装，运维乃至拆除建筑全生命周期的协同。

（2）标准化建筑构件协同

一是建筑安装工业的标准部件库协同。目前的建筑产品部件不满足建筑安装工业化的需求，产业链的完善是以产业细化为主要标志。在实施预制装配机房的过程中，就需要重新定义广义部件名称，例如广义弯头部件，是指弯头，支管，法兰，支撑等参数化的集成弯头。这样做的好处在于做到专业化、规模化、信息化生产体系，可以培育出用于建筑工业化的细分产品的制造商，提高生产效率。标准化构件建立的原则是少规格和多组合。小规格可以减少设备初期的投资，减少接口管理，而多组合可以满足多样化的建筑需求。

二是新型建筑部件研发协同。因为建筑工业化要求批量化生产制造和机械化现场装配，所以就研究便于制造和安装的新型建筑部件。从材料性能，连接工艺等角度出发，突破部品部件现代工艺制造、智能控制和优化、新型传感感知、工程质量与安全检测监测，做到研发与制造协同。

（3）工业化制造装配协同

首先是先进的生产力同生产管理方式的协同。包含智能建造与建筑工业化协同发展的新型组织方式、流程和管理模式，以及结算方式的协同。就需要建立科学的市场化工程造价管理体系，完善现有的工程计价依据和规则，完善工程造价指数、指标和计价材料、部品部件价格信息的采集，完善完善工程招标投标。绝不能用目前的管理方式去管理建筑安装工业化的生产。

其次是制造与装配装备的协同。装备协同分为三步走，第一步是实现机械化生产，机械代替手工作业，完成危、繁、脏、重等工作；第二步是数字化，加快传感器、高速移动通信、无线射频、近场通信等技术，提高制造与施工机具的性能和效率，提高机械化施工程度；第三步是加快部品部件生产数字化、智能化升级，推广应用数字化技术、系统集成技术、智能化装备和建筑机器人，加快人机智能交互、智能物流管理、增材制造等技术和智能装备的应用，实现少人甚至无人工厂。

最后是产业工人协同。培育数字时代建筑产业工人队伍，提高建筑工人智能建造技能，提高建筑行业专业技术人员数字化水平，培养既懂土木建造和工厂生产，又能熟练掌握数字化技术的复合型人才。同时在产业工人周边，发展可穿戴设备和助力机械手，提高其专业性和生产效率。

（4）网络化信息技术协同

建立建筑产业信息协同平台，打通工厂"智能制造"和现场"智能建造"全流程，打造建造综合管理，包含智慧工地、监控管理、节能减排和智能建筑。以建筑信息模型（BIM）、互联网、物联网、大数据、云计算、移动通信、人工智能、区块链等新技术的集成与创新应用，形成涵盖设计、生产、施工、技术服务的产业链，实现设计、采购、生产、建造、交付、运行维护等阶段的信息互联互通和交互共享。

建筑安装智能化与工业化的发展不是一蹴而就，也不是隔靴搔痒地小打小闹，只做一个环节上的锦上添花解决不了根本问题，而是从一开始就要朝着产业化的方向去发展，去做顶层设计。围绕绿色低碳的终极目标，开展机械化，数字化，智能化三代技术的叠加衍化。需要通过以数字化设计生态协同，标准化建筑构件协同，工业化制造装配协同，网络化信息技术协同，这四个方面的协同将建筑业提升至现代工业级的精益化水平。

裴以军

前　言

　　中建三局安装工程有限公司（以下简称中建三局安装）早在 2016 年在西安永利国际金融中心项目 DPTA 机房的成功实施，便拉开了预制装配技术的大幕。2017 年建立数字化产研中心，中心具备"研发＋生产＋维保＋对外展示＋员工实训"的综合能力。具备管道相贯线切割、机器人焊接工作站、环缝自动焊、柔性焊接工装平台、组对装置、喷漆房、带锯床、等离子切割、管道自动除锈机、空气压缩系统、悬臂起重机、厂区除尘系统等专业加工设备，实现机电管道工厂化预制。

　　在成功实施的 DPTA 预制装配机房的过程中，取得了丰硕的成果。保障了项目的施工工期，助力项目完美履约。在西安永利国际金融中心项目中，首次采用 DPTA 装配式机房，树立行业新标杆。在乌鲁木齐高铁综合服务中心项目上，采用 DPTA 双层泵组设计，节省机房建筑面积 60%，为业主创造更大的价值。在国际医学中心项目中，在土建结构未完成前就进行工厂预制，打破了之前的传统施工模式。在安康体育馆项目中，更是第十四届全国运动会场馆中第一个完成使用 DPTA 预制装配的场馆，确保了项目的工期和质量。在郑州地铁 3 号线项目中，针对地铁项目特点，研究采用一站式机房设计理念，缩短机房建设工期，适用于全国地铁项目。在上述 DPTA 装配式机房实施过程中，首先完美助力项目履约，彰显中建三局安装的匠心品质；其次在市场营销方面，DPTA 作为中建三局安装"金名片"，在市场推广方面也是起到了"定海神针"的作用。作为央企施工排头兵的专业化公司，大力发展装配式建筑，也是响应国家号召，顺应行业发展。DP-TA 装配式机房，成功引领了行业的发展，我们在实施的 DPTA 机房过程中，做出了很多亮点，但是也有很多有待改进的地方。本次编写《DPTA 冷热源机房装配式施工技术与实践》既是对过去工作的总结，也是再学习的过程。本书内容包含 DPTA 机房实施的流程，在设计，生产，运输，安装各个环节的重点难点，以及各个环节之间的关联，通过图文并茂的方式以及案例分析的形式，详尽介绍所述内容。能够指导项目实施 DPTA 预制装配机房，并形成标准化知识产品，在行业推广。

　　DPTA 装配式机房品牌在业界有目共睹，发挥了引领行业发展的作用。但是技术创新亦如逆水行舟，不进则退。内外部企业在预制装配领域你追我赶，稍有松懈，便会被弯道超车。随着国家对科技研发的重视和对知识产权的保护力度加强。应趁热打铁，依托数字化预制加工中心和已实施项目的技术积累，在预制装配领域深耕细作。

　　如何强化 DPTA 品牌，坚持引领行业发展迫在眉睫。怎样提高设计效率和提高知识产权保护？怎样推进预制装配的数字化管理转型？怎样研究利用先进的数字化加工设备替代高昂的专业工种来节省人工？怎样摆脱落后的机具安装预制机房？以及怎样给冰冷的钢铁模块装上智慧的大脑？以上问题是行业发展遇到的瓶颈，通过群策群力，共同思考解决以上问题不仅可以顺利解决目前机电工程预制装配化施工技术推广应用的困难，重要的是能够拓展加宽行业技术壁垒，持续引领行业发展，强化企业的品牌，也为企业数字化和智慧化转型打头阵。

只有变化才是永恒不变的，要充分认识到建筑行业创新发展的紧迫性，要在传承中创新，在创新中发展，探索新的生产管理模式，打造智慧安装品牌。一个行业，一个公司都是时代的产物，我们正处于百年历史大变革中，应当干在实处，走在前列，勇立潮头。

目　　录

序言

前言

第1章　总则 ·· 1

　1.1　行业背景 ···································· 1

　1.2　DPTA 含义 ·································· 1

　1.3　装配式机电发展方向 ···················· 5

第2章　装配式机房实施流程 ·················· 9

　2.1　组织 ·· 9

　2.2　实施流程 ···································· 9

　2.3　方案 ·· 9

第3章　设计 ·· 11

　3.1　设计前准备 ································ 12

　　3.1.1　确定设计范围 ······················ 12

　　3.1.2　确定设计依据 ······················ 12

　　3.1.3　确定设计目标 ······················ 13

　　3.1.4　确定设计形式 ······················ 14

　　3.1.5　确定设计原则 ······················ 14

　　3.1.6　确定设计标准 ······················ 14

　　3.1.7　熟悉了解设计意图 ·················· 15

　　3.1.8　熟悉了解现场情况 ·················· 15

　　3.1.9　收集厂家设备的相关资料 ·········· 15

　　3.1.10　编制深化设计实施步骤计划 ······ 15

　3.2　系统管路优化 ···························· 16

　　3.2.1　系统管路优化原则 ·················· 16

　　3.2.2　系统管路优化步骤 ·················· 16

　　3.2.3　系统管路优化细节 ·················· 19

　　3.2.4　系统设计改进措施 ·················· 20

　　3.2.5　装配式冷热源设备机房正向设计注意事项 ·· 21

　3.3　泵组设计 ·································· 24

　　3.3.1　泵组设计原则 ······················ 24

  3.3.2 泵组设计注意事项···25

  3.3.3 水泵常规安装图集···26

 3.4 一站式机房设计···33

 3.5 支吊架深化设计···39

  3.5.1 一般支吊架选用原则···39

  3.5.2 机房支架设计原则···40

  3.5.3 机房支吊架设计形式··41

  3.5.4 支架受力计算及校核··42

  3.5.5 机房支架设置的其他要求···46

 3.6 编码设计···46

  3.6.1 编码设计说明···46

  3.6.2 编码案例···46

 3.7 设备基础深化设计···49

  3.7.1 设备基础深化注意事项··49

  3.7.2 设备基础形式···49

  3.7.3 设备基础尺寸···49

 3.8 排水深化设计···51

  3.8.1 机房排水沟布置原则··52

  3.8.2 机房排水的一般形式··52

第4章 加工···53

 4.1 加工前准备···53

 4.2 劳务组织···53

 4.3 材料组织与计划···54

 4.4 材料测量与验收···54

  4.4.1 原材料验收···55

  4.4.2 管件验收···57

 4.5 预制加工规定要求···68

 4.6 表面处理···69

 4.7 生产加工···70

  4.7.1 管道及型钢切割···70

  4.7.2 管道焊接···71

  4.7.3 支架焊接···73

  4.7.4 支撑体系装配···73

  4.7.5 管道装配···74

  4.7.6 泵组装配···74

  4.7.7 水泵安装···74

  4.7.8 阀门、短接组装···75

  4.7.9 测量与检查···75

4.8　成品保护 ··· 76

第 5 章　运输 ·· 77

5.1　运输前准备 ··· 77
5.2　加工厂内转运 ··· 77
5.3　场内至项目现场运输 ··· 78
5.4　现场吊装 ··· 79

第 6 章　装配 ·· 81

6.1　装配前准备 ··· 81
6.2　模块就位安装 ··· 81
6.3　预制支吊架安装 ··· 81
6.4　预制水平管安装 ··· 82
6.5　阀门附件安装 ··· 82
6.6　其他设备安装 ··· 83

第 7 章　安全与环境管理 ·· 84

7.1　安全风险因素 ··· 84
7.2　安全应急预案 ··· 85
7.2.1　预防高处坠落的措施 ··· 85
7.2.2　火灾、爆炸事故预防措施 ·· 86
7.2.3　触电事故预防措施 ·· 86
7.2.4　发生高处坠落事故的抢救措施 ·· 87
7.2.5　触电事故应急处置 ·· 87
7.2.6　电焊伤害事故的应急处置 ·· 88
7.2.7　火灾、爆炸事故的应急措施 ··· 88
7.2.8　小型机械设备事故应急措施 ··· 89
7.2.9　机械伤害事故引起人员伤亡的处置 ······································ 89
7.2.10　应急物资及装备 ··· 89
7.3　环境保护措施 ··· 90
7.3.1　工艺流程及产污环节 ··· 90
7.3.2　环境保护措施 ··· 90

第 8 章　移交使用 ·· 92

第 9 章　项目案例 ·· 93

9.1　西安永利国际金融中心项目 DPTA 机房研究应用实践 ············· 93
9.2　乌鲁木齐高铁综合服务中心指挥机房实施方案 ······················· 97
9.3　西安国际医学中心项目制冷机房 DPTA 实施方案 ··············· 109

9.4 郑州地铁 3 号线一期三标段装配式机房施工方案 ……………… 159
9.5 地铁一站式机房施工工法 ……………………………………… 166

第 10 章 附件 …………………………………………………………… 197

10.1 材料设备参数清单 ……………………………………………… 197
10.2 物资（设备）进场验收与复试表 ……………………………… 197
10.3 工艺试验及现场检（试）验表 ………………………………… 198
10.4 计量器具登记台账 ……………………………………………… 198
10.5 专业接口识别清单 ……………………………………………… 198
10.6 专业接口需求清单 ……………………………………………… 199
10.7 专业接口提资表 ………………………………………………… 199

成果及知识产权证明文件 …………………………………………… 201

第1章 总 则

1.1 行业背景

制冷机房，是整个机电系统的"心脏"部位，涉及专业多，管线复杂，设备众多，施工难度大，调试周期长，是机电系统施工水平的集中体现。面对空间相对局限、设备管线又高度集中的制冷机房，传统施工管理模式下各分包单位"各自为营"的管理弊病日益凸显，主要表现在：一是系统设计不合理、水力阻力大，导致能源消耗偏大，进而导致设备选型不合理；二是综合管线交集部位未能得到统筹安排，各专业之间因不合理地抢占空间，影响后期维护运营；三是各专业分包之间的"矛盾点"没有及时暴露，导致后期调试达不到要求；四是各专业工序交集相互影响，易出现作业面反复中断的现象，从而导致工期指标不能提升；五是在空间相对局限封闭的环境中施工，施工效率低下，工程质量难以保证。

外部市场经营需求，随着建筑市场形势的日趋严峻和同行竞争的日趋激烈，客观上倒逼了建筑施工企业对工程质量和服务品质的提升，传统的生产模式已不能吸引业主的眼球，对外技术展示窗口亟待开辟。

内部管理提升需求，为更好地适应市场发展需求，中建三局安装公司提出过程精品质量管理方针，要求在所有项目中贯彻精品工程管理理念，这就对施工质量提出了更高的要求，客观上对劳务工人的水平提出了更高的要求。而事实上，随着经济的发展，熟练的技术工人也越发紧缺；与此同时，人工单价也不断上涨，项目劳务成本不断增加。

从国家政策导向来看，建筑工业化是建筑行业发展的必由之路，装配式建筑是近几年来建筑施工领域创新的新领地。为了适应行业发展，中建三局安装成立了研发及数字化预制加工中心。位于西安市西咸新区某工业园区，占地 $1550m^2$，在安装公司、经理部两级领导的支持下，加工中心及研发中心于 2018 年 1 月 25 日正式揭牌。具备管道相贯线切割、机器人焊接工作站、环缝自动焊、柔性焊接工装平台、组对装置、喷漆房、带锯床、等离子切割、管道自动除锈机、空气压缩系统、悬臂起重机、厂区除尘系统等专业加工设备，实现机电管道工厂化预制。

1.2 DPTA 含义

装配化施工是建筑行业发展趋势，工厂化预制以高效率、高精度、低成本、低能耗凸显出其独特的优势，机房作为机电安装最为集中的部位，也面临着生产模式的大改革。中建三局安装秉承科技引领、技术创造的理念，探索研发出了 DPTA 机房装配式施工新型工法。

"DPTA 机房"，是由中建三局安装首次创新研发应用的一项新型施工工艺。该工艺基于成熟的 BIM 技术，实现全专业深化设计和高精度建模，并出具工业级精度的预制装配图纸，指导精准下料，以"工业化"的生产模式，在预制加工中心内完成所有构配件的预制加工工作；同时，借助现代化的物流化配送技术，将机电系统构件模块进行批量打包运输；各构件模块运至施工现场之后，通过螺栓连接件，实现快速拼装，进而完成整个机房的装配工作。"DPTA 机房"工艺，包括设计、预制、运输、装配 4 个关键环节，是此项技术研究的四个重要板块（图 1.2-1）。

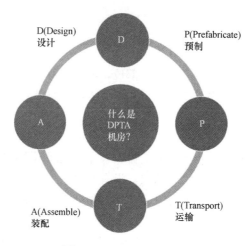

图 1.2-1　DPTA 的含义

4 个字母，代表了该项技术研究的 4 个板块，也是实现机电系统工厂预制的四个重要环节。其中：

1. D（Design）：全生命周期设计，是核心竞争力的集中体现

"DPTA 机房"设计，从机电系统全生命周期进行综合考虑，兼顾设计、建造、运营、维护等各个阶段，从施工规范、人体工程学、节能降耗、智能控制等方面综合考虑，逐步实现设备机房人性化、智能化、高效节能等优化目标。

（1）系统优化

机房系统优化，不仅需要充分考虑使用空间、检修空间、操作空间、运维空间等外部空间管理因素，还需要从降低系统能耗、方便运营管理等内在因素考虑。

优化系统结构与管线路由，"内外"兼顾，真正实现系统优化提升。

（2）模块化设计

将复杂庞大的系统，集约设计为若干模块单元，集零为整，以工业生产"标准零件"模式，来实现机电系统的预制装配。

（3）高精度预制加工图纸

基于成熟的 BIM 技术，完成高精度模型设计，并出具工业级加工精度的装配图纸，为机电系统构配件的工厂化预制加工提供保障。

传统的机电安装与土建施工交叉进行，只有土建提供相应的工作面，才能进行机电工程的深化设计和安装。对大型制冷机房安装工程，土建很多时候只能分步提供场地，这就给机电工程设计人员出了大难题：因为各部分设备、管道、支架、构件的走向、标高、尺寸没办法一次性完成测量，设计人员就只能量一段、做一段，分段深化、分段下料、分段加工、分次运输、分段安装，效率极低。

而 DPTA 机房采用 BIM 技术，项目设计人员只需测量现场场地整体的基本数据，不需要等待土建单位提供全部场地，便可以在 BIM 模型内建立起高精度机电工程模型和深化设计装配图，按照机械零件的标准，对构配件进行设计优化，精度提高到毫米级。

这种 BIM 化深化设计是分模块进行的，最大限度地集成了各类设备及管道，各个部分的排布更加合理，有利于设备后期的运输、拼装和检修维护。以西安永利国际金融中心项目 DPTA 机房为例，该机房共有 17 个模块，其中最大的一个模块有 13.7t，集成了水泵、管道、阀门、设备基础、支架和仪器仪表等，原设计检修通道宽度仅 0.7m，现在检修通道宽度达到了 4m。

2. P（Prefabricate）：工厂化预制，是关键，关乎成败，不容忽视

建筑产业工业化，即最大限度地将现场作业内容搬至工厂内完成，用大规模的机械生产代替传统的手工作业，大幅提高施工效率，减少现场不利因素影响，同时提高了产品质量的可靠性和作业人员的安全。

机房高精度 BIM 模型设计完成后，便可以导出构件的精细加工图，预制加工厂根据精细加工图精准下料、精准加工。构件加工完成后，预制加工厂再将主要构件组安装成模块。

传统加工方式，预制构件无法做到精准下料，产生了大量的边角料，同时大量手工焊接、切割作业导致构件质量不稳定。采用标准化预制方法精准下料、加工，构件质量更高，边角料大大减少，节省了材料成本，许多弯曲或异形的管道、构件还可以实现工厂定制，质量、外观更好。

现在，中建三局安装工程有限公司已经建立了数字化加工中心，不久的将来，各类部件模块实现标准化生产，可以根据项目的实际需求，实现快速生产，快速组装，真正实现机房施工的"工业化"。

3. T（Transport）：物流化运输，是难点，需要兼顾经济、进度、安全等众多因素

采用现代化的物流运输方式，结合 FRID 技术，将预制构件进行模块化批量打包运输，并对物流过程中产生重要信息进行采集、识别、跟踪、查询，以实现对货物流动过程的控制，从而降低成本、提高效益。采用传统施工方法，机房各部分量一段、做一段，各种构件只能分次运输，这个成本也不可小觑。西安永利国际金融中心项目 DPTA 机房的所有模块和管段，均在预制加工厂提前完成装配，一次运输到位，运输成本大大降低。

4. A（Assemble）：装配化施工，是考验，设计成果的最终展示和验证

装配化施工改变了传统"量一段，做一段"的施工模式，安装人员根据模块化的装配图纸，再通过二维码的信息化指引，以"搭积木"的方式完成机房的安装任务。具体来说，为了保证安装精度，项目通过活套法兰校正泵组件安装误差，实现严密连接；现场人员对照装配图纸，通过扫描二维码获得各冷机立管相应信息，将其运输至相应的冷机前方对管安装；管道支架整体固定提升，通过特制插销，连接支架与预埋在土建结构上的钢板。

DPTA 装配式机房的全过程 BIM 设计、数字化预制加工、信息化物流运输以及现场的机械化装配、智能化运维。对制冷机房运用 BIM 技术进行优化设计综合排布，为提高建模精度，建模精度达到毫米级别，将整个机房出装配图纸，装配图纸交场外预制加工厂预制加工，按照装配图纸进行预制，并提前在加工厂完成模块化组装，待现场机房具备施工条件后，在现场实现机房管线设备的快速模块化无焊接装配。

（1）全过程 BIM 应用。运用 BIM 技术，对 DPTA 装配式机房的全专业、全生命周的应用。在方案阶段进行全面专业的高精度 BIM 建模，并达到机械出图的精细标准。利用 BIM 模型出加工图纸，部分下料机械直接识别模型信息进行加工。BIM 模型在运输环节，模拟运次，达到最佳效率。BIM 模型指导现场机械化装配，BIM 模型在运维管理环节深度参与，作为运维管理的载体模型。

（2）数字化预制加工：数字化预制加工设备，根据 BIM 模型信息下料、组对。利用机器人焊接工作站，达到机器焊接率 100%。机房的模块框架以及现场的落地支架，也是根据 BIM 深化出图，进行数字化预制加工。

（3）信息化物流运输：在方案初期进行运输模拟，完整的模型构件在加工中心的装车模拟，以及现场的垂直运输和水平运输。根据 BIM 模型，对预制构件进行系统性的批量编码，并对构件运输批次进行智能的划分，减少运次提高效率。

（4）机械化现场装配：装配人员根据构件二维码，确定安装位置，施工现场利用永临结合的天车地轨系统，以及机械手臂、登高设备，进行机械化装配，施工现场实现零焊接，缩短现场工期，提高工程品质。

（5）智能化运维管理：BIM 模型录入完整的信息，通过轻量化引擎和二次开发技术，建立 BIM 运维管理平台，联合建筑 BA 系统，检测设备阀门状态信息，记录运行历史数据，根据大数据分析，提前预判负荷的加载与减载，提高运营管理效率以及系统运行效率。

从国家政策导向来看，建筑工业化是建筑行业发展的必由之路，而事实上，随着经济的发展，熟练的技术工人也越发紧缺；与此同时，人工单价也不断上涨，项目劳务成本不断增加，装配式建筑是近几年来建筑施工领域创新的新领地。

中建三局安装工程有限公司研究的 DPTA 预装配式机房，在场外设预制加工厂，提前预制，预制段采用模块化设计，待现场机房具备安装条件时，运抵施工现场实现制冷机房的模块化组装。工厂化的管理模式，施工效率大大提高，施工质量得到保障，极大地缩短了机房的施工工期，并且不受机房内土建施工进度的影响，施工完成后的机房美观，极大改善了工人的施工作业环境，取得了良好的经济和社会效益。截至目前，中建三局安装工程有限公司已经实施 DPTA 预制装配机房典型案例如表 1.2-1 所示。

已实施 DPTA 预制装配机房典型案例   表 1.2-1

序号	项目名称	机房面积（m²）	机房数量
1	永利国际金融中心	500	1
2	乌鲁木齐高铁综合服务中心	600	1
3	国瑞西安金融中心	1200	1
4	西安国际医学中心	3600	1

序号	项目名称	机房面积（m²）	机房数量
5	安康体育馆	750	1
6	郑州地铁3号线	250	7
7	西安幸福林带	800	4
8	北京88项目	400	1
9	西安地铁14号线	300	1
10	西安长安云	700	1

技术经济效益分析（经济、社会、环境）

（1）人工效益

1）工厂化预制比传统施工工艺效率大大提高，减少人工。

2）现在机电安装工人人工单价不断升高，尤其是特殊工种的人工单价上涨较快，工厂化预制可以大大减少施工现场施工工序和对技术工人的需求。

（2）材料效益

1）工厂化预制前运用BIM软件进行深化设计，按照深化设计图纸进行下料加工，减少材料浪费，实现精确预制；

2）由于经过三维软件深化设计、碰撞检测，可以有效避免现场返工情况；

3）采用工厂化管理，材料丢失的问题可以得到缓解。

（3）工期效益

1）工厂化预制加工不受天气、总承包单位、施工作业面等条件限制，可以依据深化设计图纸在加工厂内独立进行加工制造，等现场条件具备后，运抵现场安装；

2）该工艺采用整体装配，只需一次吊装即可完成，避免了传统工艺多次吊装、高空作业多、高空作业辅助设施搭设频繁的情况，提高现场的安装效率，缩短工期。

1.3　装配式机电发展方向

在成功实施的DPTA预制装配机房的过程中，取得了丰硕的成果。首先保障项目的施工工期，助力项目完美履约。在西安永利国际金融中心项目中，首次采用DPTA装配式机房，树立行业新标杆。在乌鲁木齐高铁综合服务中心项目上，采用DPTA双层泵组设计，节省建筑面积60%，为甲方创造更大的价值。在西安国际医学中心项目中，在土建结构未完成前就进行工厂预制，打破了之前的传统施工模式。在安康体育馆项目中，更是第十四届全国运动会场馆中第一个完成使用DPTA预制装配的场馆，确保了项目的工期和质量。在郑州地铁3号线项目中，针对地铁项目特点，研究采用一站式机房设计理念，缩短机房建设工期，适用于全国地铁项目。

在上述DPTA装配式机房实施过程中，首先完美助力项目履约，彰显中建三局安装的匠心品质，其次在市场营销方面，DPTA作为中建三局安装"金名片"，在市场推广方面也是起到了定海神针的作用。作为央企施工排头兵的专业化公司，大力发展装配式建筑，也是响应国家号召，顺应行业发展。DPTA装配式机房，成功引领了行业的发展。

在取得阶段成功性的过程中，也遇到了急需攻克的几大难题，分别是：

（1）DPTA装配式机房设计效率低，成果保护难；

（2）加工厂管理繁杂，物资、商务、物流运输等未成体系；

（3）加工厂的预制加工设备属于半自动化，加工效率低；

（4）现场的装配机具不满足现有的装配化施工的要求；

（5）机房运行管理缺失，缺少核心竞争力。

探索DPTA预制装配机房的成套技术，通过本课题使预制装配机房技术达到国际先进水平，再将预制装配机房迁移应用到整个机电工程系统，用以解决机电工程施工过程中，劳务技术人员短缺、人工成本高、施工周期短导致的抢工等问题，做到如下几点：

（1）DPTA装配式机房设计插件；

（2）预制装配管理平台；

（3）适用于工厂的数字化预制加工设备；

（4）适用于现场的装配装备；

（5）智慧机房运行管理平台。

建筑工业化是行业的发展趋势，装配式机房也是行业共识，目前机电工程中管道预制加工厂犹如雨后春笋。2017年，中建三局安装工程有限公司成立研发及数字化预制加工中心。通过5年的实践历练，完成数十个装配机房以及其他多类预制部件产品，积累了一定的技术成果。但是目前的设计软件、机械装备、现场安装设备仍然不能满足理想的预制装配施工要求。

首先是设计软件，目前采用的是revit设计软件。采用该软件的基础是原有的BIM技术基础，该软件的痛点之一就是在机电工程预制应用中智能化程度较低，产品设计的系列性较低，导致设计效率低下。痛点之二就是成果保护方面，几乎是空白，模型成果极易被人窃取，导致技术壁垒较低。

其次是管理平台。目前的管理平台处于空白区。设计、物资、生产、商务、安装等管理事项相互割裂。因缺少管理平台，导致数字化成为一句空话。BIM最初的意义在于信息化，即在模型中包含预制建造中的所有信息，当在模型中放置一个水泵，一个阀门，管道少一个翻弯，理应是动态在商务、物资、加工各个环节都有所体现。然而目前还缺少这样的平台，导致预制装配的管理效率较低。研发预制装配管理平台，是企业往数字化转型的试验田。

另外是组对装备，目前的组对工艺是基于三维柔性工装平台的手工组对。手工组对无法满足高精度要求，精度低是阻碍装配式机房实施的关键因素。手工组对过程中，尺寸的控制主要依靠钢卷尺测量，通过"暴力"敲击调整偏差，通常误差在2mm左右，由于误差的累计，最终难以保障预制装配对高精度的要求。手动组对的另一大弊病在于对工人的严重依赖，在目前的各个工艺中，组对所需要的管道工是整个关键工艺线路上的核心。目前的管道环缝焊的设备成熟，可以实现的100%的机械焊接。但是组对工艺目前没有成熟的数字化设备，需要开发数字化组对设备，实现预制加工的高效率和高精度。

接下来是现场安装需要的装备，目前的安装使用的装备还基本上是采用传统的安装方式和机具。货车运至项目现场，采用吊车卸至堆场，采用叉车运输到安装面，采用卷扬机牵引模块，或者是采用手拉提升离散管道，完全没有适应预制装配机房安装的设备，导致现场二次倒运费工费时，安装效率低下。采用预制装配的机房，安装工序与传统的工序不同，装配机房的设备最终定位是在管线安装完成后，通过微调设备位置，连接主管线，但是在安装后，微调设备位置难度大，不易控制。建筑机电安装的90%以上的工作都是在高空中，开发预制装配安装设备即可提高现场的装配效率。

最后是运维管理系统，目前的装配式机房严重缺少大脑。装配式机房由于缺失大脑，严重降低了系统运行效率。运维自控也是整个装配式机房的核心壁垒。笔者在之前也做过一些尝试，通过搭建智慧机房微缩模型，可以实现机房流体系统的自动控制。在郑州地铁3号线项目中，通过增加温度传感器和压力传感器，整体提升了装配式机房的产品系统性，也得到了甲方的认可。在新基建的浪潮中，数字孪生、智慧园区是重头戏，通过研发装配式机房的运维管理系统，不仅可以强化DPTA装配式机房的品牌，还可以在智慧园区，智慧城市众多领域打造技术积累。

近几年在国内，管道预制加工厂如雨后春笋般地成长，在西安地区已知的工厂有6家之多。但是大部分工厂都是采购的上海或者宁波的设备，该类设备基本都是自动化程度不高、半手工作业。安装设备，也是传统的机械，采用revit软件设计，或者是莱辅络，没有采用定制化设计软件和预制加工管理平台。

在国外，管道工厂化预制已经覆盖了大部分的建筑机电工程。在日本，建筑工程中基本看不到管道现场预制组装，95%以上的工作量均在预制加工厂内完成预制，然后根据施工进度计划逐步配送到现场进行组合装配安装。在欧美等发达国家，管道工厂化预制技术均已达到相当高的水平，但是能在网上查到的预制加工和安装设备少之又少。

工业管道的工厂化预制技术在我国基本趋于成熟，工厂化预制技术在石油、化工等机电工程建设中已经得到广泛应用。在民用建筑机电领域，管道工厂化预制技术还处于初步发展阶段，近几年一些标志性建筑已经在运用机电工厂化预制技术，并不断地得到总结和发展，随着民用建筑机电领域预制加工技术的不断发展，管道预制加工厂越来越多，因为局限于石化行业的长直管道，现有的建筑内机房、短管、面型、立体管道、复杂管道较多，现有的组对装置只能用于长直管道，针对预制加工的设备和安装设备还是采用传统设备，因此研究新型的加工装备、安装装备、设计和管理平台，以及运维系统应用，前景十分广阔。

DPTA装配式机房未来研究的内容包含设计插件；预制装配管理平台；适用于工厂的数字化预制加工设备；适用于现场的装配装备；智慧机房运行管理平台。涉及Revit二次开发技术，基于Web端的界面开发以及工控软件开发技术、机械运动伺服控制技术、机械及电气自动化技术、机器视觉和人工智能等技术进行研究。

1. 机电管线综合单元预装配整体提升技术

（1）BIM建模深化设计出图。运用BIM技术对管廊进行综合排布，综合排布采用联合支架的形式，然后对主干管以6m为一段进行编号，对每一段内管道、桥架、风管等进行标注编号，出装配图纸。

（2）管道预制加工厂。在施工现场设置管道预制加工厂，在加工厂内合理布置施工机械的位置，实现管道加工的流水作业，提高管道加工的施工效率和施工质量。

（3）电子标签在施工现场的应用。按照装配图纸进行管道预制加工，并对管道粘贴电子标签进行编号，在组装区域根据图纸编号进行组装。

（4）多管道对口连接。一是通过工厂化预制提高管道加工的精度，二是设计支吊架使管道可以实现上下左右地移动来消除施工误差，实现多管道的对接。支吊架吊杆加花篮螺栓，实现上下移动；支吊架横担采用双拼槽钢设计，U形管卡可以在双拼槽钢缝隙中移动，实现管道左右移动，从而实现多管道的对口连接。

（5）管道运输、吊装。实现管段从组装车间到安装现场的快速安全运输，现场采用拖拉机作为运输工具；管段的垂直吊装则采用10t叉车进行提升。

2. 机房工厂化预制加工技术

（1）BIM建模准备。项目提前确定机房内设备的品牌及规格型号，获取机房内设备（水泵、阀门等）的具体尺寸及相关参数，为BIM精准建模提供数据支持；根据机房内设备具体参数修改BIM组库参数，有些设备需要重新建立BIM组库，进行机房精确BIM建模。

（2）出装配图纸。利用BIM技术对选定的设备机房精确建模，对机房内管线进行综合排布，并设计水泵基础、设备的支撑钢结构框架，出装配图纸。

（3）场外预制加工。将机房装配图纸交由场外预制加工厂进行预制加工，项目部需派技术人员现场蹲点，负责现场预制过程中的协调及确保加工质量。

（4）预组装。场外预制加工结束后，将钢结构支撑框架及管道、设备进行预组装，组装无误后对各管段进行编号，编号结束后拆卸对钢结构支撑框架及管道进行喷漆处理。

（5）运输。待现场具备机房安装条件时，将钢结构支撑框架及管道、设备进行打包运抵施工现场，运输过程中注意成品保护。

（6）现场组装。运抵现场后，根据图纸及编号在现场实现快速、无焊接组装。

第2章　装配式机房实施流程

2.1　组织

装配式机房的实施需要预制车间、项目、甲方、设计院、运维等多方共同参与，针对项目机房装配式建造的可实施性进行分析，综合考虑各方因素，确保装配式机房在法律法规、规范、制造、安全、质量、制度、运维等方面顺利实施。

（1）装配式机房实施前期，要联合深化设计部门、项目部、设计院、预制车间，对机房进行深化设计、优化管路、设备布局等细节进行研究，需要变更的部分提前下发变更通知单，确保机房在深化方面达到最优。

（2）根据深化设计方案，组织项目机电、土建以及各分包等部门，做好施工进度规划，提前规划好装配式机房所需要的室内外通道、水电、基础、排水、吊装口等条件。

（3）机房预制前期，要做好劳动力、生产机械、生产物资的准备工作。

（4）及时与地方管委会、街道办、环保部门、城管等部门沟通；主动了解其关注重点和工作机制，针对性调整和制定生产措施。

2.2　实施流程

DPTA预制机房实施流程：深化设计→施工准备→预制加工→运输吊装→现场装配→系统调试→移交运维。如图 2.2-1 所示。

2.3　方案

装配式机房方案的编制需要考虑到设计、质量、安全、物资、现场、测量、运输、加工、装配、成品保护、调试、运维等各方面。方案的编制应由预制车间牵头，联合项目部、技术部、工程部、安监部、物资部等部门共同进行。装配式机房的方案，应包含以下方面：

（1）机房概况；

（2）深化设计方案；

（3）支吊架设计方案；

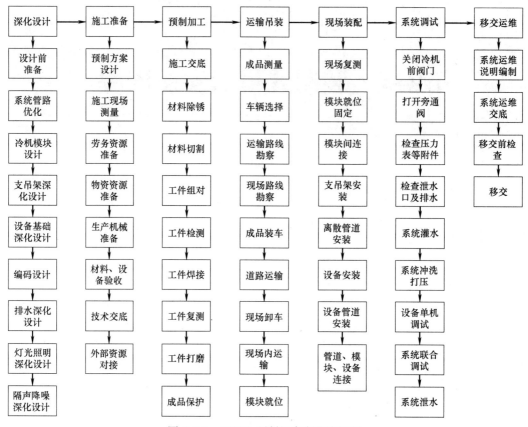

图 2.2-1　DPTA 预制机房实施流程图

（4）物资供应方案；

（5）劳动力及生产机械配置方案；

（6）测量方案；

（7）安全管理方案；

（8）质量检测方案；

（9）环境保护方案；

（10）预制生产方案；

（11）道路运输及吊装方案；

（12）现场装配方案；

（13）成品保护方案；

（14）调试方案；

（15）运维方案。

第3章 设　　计

受国内建筑市场环境等因素影响，现阶段项目深化设计管理中心大部分局限于施工阶段，且管理深度仅停留在影响施工阶段的管线综合排布层面上，对项目采购、调试、交付等环节的统领能力未得以挖掘，无论从时间还是深度上来讲，都没有真正发挥设计的引领作用。

在项目集成管理策划中，笔者提出"最大限度提高设计端产出"的核心思想，并且从时间和深度两方面着手，要求将项目采购、建造、调试、交付等项目管理阶段工作，提前融入设计管理当中，发挥设计的引领作用，服务于项目整体目标的实现。

（1）把握源头，发挥设计主导作用

要做好设计工作，首要工作是明确"需求"，这里所说的需求包括客观需求与主观需求两方面。客观需求，是由建筑功能所确定的系统负荷需求；主观需求，是由建筑使用者偏好所决定的个性需求。要使得设计成果经得起验证且独具竞争优势，必须要从这两方面着手。

首先，客观需求的掌握是根本，是一切设计工作的基础。例如对整个项目的负荷进行翔实计算，并与原设计设备选型结果对比，发现在满足项目负荷及规定余量的情况下，尚存在一定的富余量，这就造成系统的"虚大"，进而导致"功能"过剩，不符合节能环保的理念；经过优化设计，对整个项目的设备选型、阀门选型、管道规格型号及管道布局进行了调整，从源头上调整了原设计不尽完美之处。

其次，主观需求的掌握是关键，为后续工作的顺利开展打好基础。在进行系统复核计算的同时，还需着重完成一件事情：客户走访调研。并且在调研过程中着重于三个方面问题的收集：一是业主在产品交付使用后的管理痛点；二是传统施工本身存在的弊病；三是客户对建筑产品的期待。通过走访同类项目案例，并对调研过程中收集到的数据进行整理分析，将共性问题汇总形成专项报告，并作为满足主观需求设计的一个重要的参考依据，这就决定了我们的设计是契合客户需求的。有了这样的基础，就为后期方案报审、变更签证都打下了良好的信任基础，并且在市场竞争中更能打动人心，赢得先机。

区别于以往在原设计图纸上"修修补补"的深化设计工作，预制装配式机房设计打破原图纸"禁锢"，从源头入手，综合考虑采购、施工、调试、交付等多环节管理需求，充分发挥设计的引领作用，真正扛起设计者的重任，服务于整个项目目标的实现。

（2）以设计统筹项目工期管理

精细化管控，提高设计管控能力。在项目管理过程中，因前期深化设计工作不到位而造成的施工现场大量拆改、返工的现象屡见不鲜，这也就大大增加了现场作业时间。为此，项目自设计初期，就明确了毫米级的精度控制标准，要求100%仿真设计，小到一片法兰、一个螺栓的占位都必须清晰反映；在仅4张原设计图纸的基础上，重新设计布局，出具机械加工精度级别设计图纸76张。在现有条件下，这样的标准看似增加了设计成本，造成了人力成本的浪费；对于图纸的精度要求似乎也显得有些苛刻，甚至有部分冗余。恰是这样"苛刻与冗余"的设计产出，让项目管理从源头上得到了有效的策划和布局，让其后的工作变得游刃有余，验证了一句话：有计划地浪费就是节约。

集成设计，裁剪工序接口，缩短现场管理链条。现场工期的消耗主要包括两部分：一是必须消耗时间，即完成独立施工任务所消耗的时间；二是损失工作时间，主要包括因工序接口、工作面交叉等所造成的作业中断时间。所以，在依靠设计精度，提高施工作业效率的同时，要尽可能地减少工序接口、减少作业面交叉、缩短管理链条。经过设计策划，制冷机房内复杂庞大的系统，被划分为若干个模块，模块设计时考虑了水、暖、电等专业的集成，将原本专业之间、系统之间的工序管理，变成了以模块为单位的接口，大大裁减了工序接口，降低管理难度，提高工期的可控性。

（3）以设计精度确保工程品质

近年来，建筑行业的从业人员呈现出年轻化的态势，这种年轻化的态势，伴随而来的就是经验不足、预判能力不足，故而工程质量水平很大程度上取决于劳务水平的高低。而劳务的水平，大多表现在工艺操作过程中（如焊接水平、下料精准度等）；随着工程体量、复杂程度的增加，这种优势也逐渐消失。年轻的管理人员利用自己掌握的理论知识，进行总体方案设计，邀请劳务主要技术人员参与方案审核讨论。对工程品质的掌控前移至设计阶段，以高精度的设计图纸来降低"人为"因素对工程品质的影响，以"傻瓜式"的管理模式，以"流水线"式的加工模式，降低对劳务队伍的依赖性，提高工程品质管控能力。

（4）以源头设计助力全过程调试

全过程调试倡导"以调试为主线，引领项目全过程管理"，这与我们的设计管理理念大致相同。与此同时，方便调试运维，是项目设计的一个重要目标值，为此，在设计的时候就进行了提前布局，如检修通道设置、智能仪表设计、备品备件箱设计等，方便调试工作的开展，大大减少调试工作量。更重要的是，注重设计源头的把控，对系统参数进行了详细的计算与校核，在此基础上对系统进行了相应的调整，对各系统的性能参数已有精准的把控；这样实际上将复杂的调试工作，转化为了对设计参数进行校验的一个复核性工作，调试难度大大降低。

3.1 设计前准备

3.1.1 确定设计范围

深化设计前期需确认本次深化设计的区域、系统等，比如范围内设备、管线、支架以及自控等的综合设计。

3.1.2 确定设计依据

主要确认深化设计图纸版本、规范图集等。其中规范性文件主要有以下：

（1）《建筑给水排水及采暖工程施工质量验收规范》GB 50242。

（2）《通风与空调工程施工质量验收规范》GB 50243。

（3）《民用建筑供暖通风与空气调节设计规范》GB 50736。

（4）《通风与空调工程施工规范》GB 50738。

（5）《制冷设备、空气分离设备安装工程施工及验收规范》GB 50274。

（6）《建筑信息模型施工应用标准》GB/T 51235。

（7）《水泵安装》16K702。

（8）《室内管道支吊架》05R417-1。

3.1.3 确定设计目标

实现全生命周期的机房设计，兼顾设计、建造、运营、维护，从施工规范、人体工程学、节能降耗、智能控制考虑，最终实现人性化、智能化、高效节能等优化目标。

首先，装配式机房的设计应满足以下规定：

（1）装配式冷热源机房设计应通过 BIM 应用完成多专业一体化综合布置，应充分考虑设备、管道、阀门及附件等运行维护的空间，同时应充分考虑运输、吊装等条件的限制，模块的体积、质量应在制作、运输和安装各阶段满足实施条件。

（2）装配式冷热源机房的集成不应改变原设计功能需求，建议有条件的建设单位可从设计阶段引入装配式空调机房集成设计。

（3）装配式机房集成化设计应将所有管道优化布置后进行精细化模型建立，在安装前解决全部误差，装配阶段无需图纸便可安装。

（4）集成设计软件应具备图形数据模拟分析、空间碰撞检测及空间协调、CAD 图纸及工程量报表生成功能。

（5）装配式机房内的阀门附件的规格型号（公称直径、工程压力，耐受温度等）参数应进行现场复核。

（6）装配式设备运输过程中的道路宽度及高度限值需提前勘测确定路线。

（7）装配式设备在无足够设备通行所需通道时，应在设计阶段考虑设备吊装所需的吊装口尺寸。

（8）装配式设备应考虑设备重量对楼板的荷载。

（9）装配式设备的局部管件应采用低阻力设备，以降低机房整体能耗。

（10）装配式机房应在设计阶段建模阶段考虑装配式设备的安装次序及路线，在合理考虑运行维护空间的同时兼顾美观性，且宜具有物联网、移动通信系统等技术的集成或融合的能力。

其次，装配式机房设计满足以下原则：

（1）装配式冷热源机房宜设置在暖通负荷的中心。

（2）装配式冷热源机房应与土建专业同步协调设计，装配式单元的尺寸、形式、安装位置应结合土建预留大件运输通道合理选择，同时还应满足结构设计荷载的要求。

（3）装配式冷热源机房设计应包括系统校核、设备选型、基础布置、管线划分、装配式单元划分、装配式单元节能设计、专业协调等内容。

（4）装配式冷热源机房设计应根据建筑的功能设置、负荷特点和建设需求，以系统综合能效比为目标，利用仿真模拟工具，通过选择高效、低阻、低噪声装配化单元，优化装配式单元配置、系统设计和控制策略等手段，实现预定的高效冷热源机房能效设计目标。

3.1.4　确定设计形式

机房深化设计前期，要根据现场实际情况及设计院设计图纸等进行机房深化设计预制方向的决断与选择，如模块集成化设计还是离散式设计。

3.1.5　确定设计原则

在深化设计前期，与各参与方确定设计原则，确定整个机房优化设计过程中的重点任务，比如：

（1）系统划分清晰

机房的排布本着以系统为主的原则，理清系统原理路由，整体排布按系统分区重新布局，使得布局系统划分清晰，也便于后期运维管理。

（2）模块高度集成

模块、部件、元件的规格数量尽量减到最少。

（3）运维检修全方位

优化系统结构与管线路由，优化机房地面和顶板的空间，以降低系统能耗、方便运营管理。

（4）成本精细管控

设计过程中考虑机房使用面积的节省和管道路由的节省；考虑模块设计的标准化，形成批量化生产；考虑管线布置统一性、对称性，避免出现过多形式的预制管段。

（5）标准化设备选取应满足以下要求

1）应以装配式冷热源机房设计能效为目标，考虑建筑物全年冷热负荷的变化规律及不同类型冷热源装配化单元的容量范围和能效特点，合理选择装配化单元数量、容量和类型，并确定全年运行方式。

2）冷热源装配式单元所选择机组的总装机容量与计算冷负荷的比值不应超过1.1。

3）模块化泵组装配式单元应选用变频水泵组，水泵电机宜选用变频电机。

4）应根据实际应用条件选择相应的冷却塔类型，在保证补水均匀性及热力性能的前提下，应选用流量调节范围广的冷却塔。

5）管道、阀门装配式单元应与暖通设备装配式单元匹配，且应选取低阻力、带导流板等管道、阀门装配式单元。

6）管道支吊架装配式单元应结合管道装配单元进行设计选取，应依据材料力学和结构力学理论，借助有限元仿真进行强度和刚度计算，安全系数不小于2。

3.1.6　确定设计标准

设计标准主要涉及在机房深化设计过程中细节的具体要求：

（1）模块形式设计：块的尺寸，框架的形式等；

（2）减振降噪设计：具体实现措施，从设备自身和系统等方面优化；

（3）节能措施设计：优化路由，减少阻力等；

（4）智慧机房设计：增加自控系统，如耗能检测分析等，远程可视控制；

（5）运维及检修设计：通道空间设计、检修空间设计、模块内部检修等；备品备件库的应用；机房运维说明书等；

（6）颜色与标识设计：管线颜色参照设计颜色或《工业管道的基本识别色、识别符号和安全标识》GB 7231—2003或自定颜色；阀门使用挂牌、磁吸或者粘贴等形式体现阀门名称、系统、启闭情况、设备使用方式，体现设备名称、编号、参数、服务对象、管理人员、设备状态等。

3.1.7 熟悉了解设计意图

（1）深读设计图纸及设计说明。

（2）了解设计意图，根据项目情况，校核设计复核。

（3）了解各系统设计管材及连接形式。

（4）对系统设计上有疑问或优化的提前与设计沟通。

3.1.8 熟悉了解现场情况

机电的施工要在土建施工前就要进行预留预埋的工作。

（1）提前了解现场土建结构的施工情况与进度，在土建结构施工前要提供深化设计预留预埋或土建设计墙体，门窗等的优化图纸，因而提前了解现场情况，可以更好地安排深化设计计划。

（2）了解现场运输条件。

施工现场运输路由要提前规划，坡道运输或者吊装孔的尺寸影响预制模块的设计尺寸。

3.1.9 收集厂家设备的相关资料

在深化设计前期，应提前与项目现场沟通，联系厂家提供相关设备资料（包含外形尺寸，安装详图、基础尺寸等）及到场时间；设备模型需要根据厂家参数进行1:1建模，尤为重要；到场时间直接影响模型形式设计等。

3.1.10 编制深化设计实施步骤计划

对机房上述情况确定及了解清楚后，需编制详细实施步骤，编制机房深化设计实施计划及深化设计人员安排。

1. 实施总体步骤

按照系统分区—布置机房设备—布置管线路由—形成单体模块—模块调整布局—出具预留预埋＋基础排水沟图纸—出具支吊架、模块预制加工等其他所有图纸。

2. 时间及人员安排

在预制机房的设计上，往往多人联合协同深化设计较为妥当，一是避免一人出现设计错误；二是避免机房创新设计受限；三是提高机房设计精度与质量。机房模型建立完成后，可由两组人员进行深化设计，一组为模块深化组，一组为整体布局深化组，这样各组可单独深化，提高效率；两组各自完成深化任务后由整体深化布局组成员进行模块及管线的整体调整；小型机房可直接由2人组成。深化设计时间根据机房大小、人员投入、方案评审等不可控因素自行安排；原则在土建施工前完成所有的深化设计方案，以防止基础预留洞等现场完成后，方案又调整，深化设计受限。

3.2 系统管路优化

3.2.1 系统管路优化原则

（1）在对系统管路进行优化前，应对现行国家标准《民用建筑供暖通风与空气调节设计规范》GB 50736、《建筑给水排水及采暖工程施工质量验收规范》GB 50242、《通风与空调工程施工质量验收规范》GB 50243、《风机、压缩机、泵安装工程施工及验收规范》GB 50275、《现场设备、工业管道焊接工程施工质量验收规范》GB 50683 等中机房部分的相关规定熟悉掌握，了解设计意图。

（2）机房排布遵循小管让大管、有压管让无压管、低压管让高压管、冷水管让热水管、水专业让电专业、附件少的管道避让附件多的管道、可弯曲管避让不可弯曲管、弱电让强电等常规排布原则。

（3）在优化修改原设计时，应遵守规范设计要求，如各设备间距、检修通道、运输通道等。

（4）对特殊设备的厂家安装及检修等要求作响应，如制冷机房冷水机组的厂家检修要求，以及常用阀门尺寸表、国标法兰厚度等。

（5）系统管路整体排布以联合支架综合排布为主，同时考虑重型机房管线密集结构受力。

（6）系统管路应遵循设计原理，按系统按分区合理划分。

（7）装配式机房设备布置原则应满足以下要求：

1）装配式单元距墙净距不应小于1m，距配电柜净距不应小于1.5m。

2）装配式单元距其他设备净距不应小于1.2m。

3）装配式单元与其上方管道、电缆桥架的净距不应小于1m。

4）装配式冷热源机房主要通道的宽度不应小于对应的最大装配式单元宽度且不应小于1.5m。

3.2.2 系统管路优化步骤

整体布局、布置设备、设计模块、优化模块外管线、整体排布。

1. 依据原设计原理图布置设备

系统管路的主要方法是依据原设计原理图进行布置，原设计平面图仅作为参考，在原理图的基础上，依据原理图逐个布置设备，这样整体布置的路由是最节省的，系统区域划分最明了，如果空间不允许，再做调整；其次要考虑大型重型设备的结构加固，若有结构加固，大型设备不宜挪动位置。

图 3.2-1、图 3.2-2 为某个大型制冷机房的冷热源原理图，按照设计原理图及设计优先布置设备。

2. 遵循规范综合排布

分析建筑、结构及各专业叠加图，找出几处梁比较粗、专业管线交叉排布密集的地

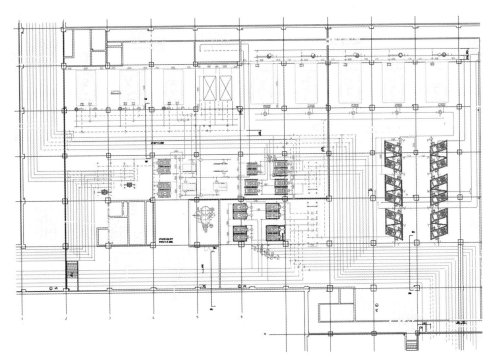

图 3.2-1 深化设计前

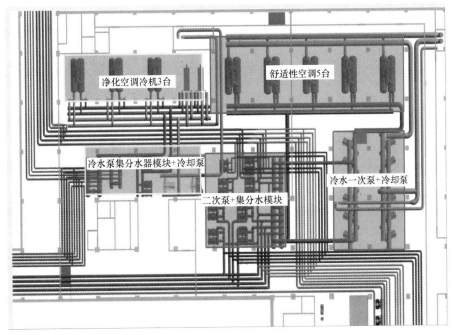

图 3.2-2 深化设计后

方,进行以满足业主要求净空为目的的标高分析,确定各专业管线的排布层次,分析中应考虑以下几点:

(1) 考虑风管保温,风管法兰的大小,及风管与其他管线之间的操作距离,一般情况除考虑支架厚度外,应至少留有 50mm 空间。

（2）考虑灯槽厚度，一般考虑 100mm。

（3）决定各管道的最终安装标高的优先排序是排水管、电缆桥架、线槽、暖通管道、通风管道、给水及消防管道。

（4）电缆桥架与输送液体的管道应分开布置或布置在其上方，以免管道渗漏时损坏线缆造成事故，如必须在一起敷设，电缆应考虑设防水保护措施。桥架与水管的平行最小净距 400mm，交叉最小净距 300mm。

（5）强电桥架与弱电线槽之间留有一定间距，以免互相干扰，有条件时，可分别布置在两侧，两者的间距一般不小于 300mm。

（6）遇管线交叉时，应本着"小管让大管、有压让无压，冷水管让热水管"原则避让。

（7）管道外壁（或保温层外壁）之间的最小距离按下列规定确定：管径小于或等于 DN32 时，不小于 100mm；管径大于 DN32 时，不小于 150mm。并排排列的管道，阀门应错开位置。

（8）各种管线在同一处垂直方向布置时，一般是桥架、线槽在上，水管在下，热水管在上，冷水管在下，风管在上，水管在下。尽可能使管线呈直线，相互平行不交叉，使安装维修方便，降低工程造价。

（9）机电工程管线穿越结构构件时，其预留洞口或套管的位置大小应满足设计要求，确保结构安全。

（10）框架柱身、剪力墙暗柱区域严禁开洞。其他部位的结构梁、板、墙上开设洞口或套管原则上应预留。

（11）穿过框架梁、连梁管线宜预埋套管，洞口宜在跨中 1/3 范围内，洞口上下的有效高度不宜小于梁高的 1/3，且不宜小于 200mm。

（12）混凝土结构墙、板上预留洞口小于 300mm 时，钢筋不需要截断，绕过洞口即可，当预留洞口大于 300mm 时，需按设计要求采取必要的结构补强措施。

（13）二次结构墙上开设洞口较大时需按设计要求设置过梁。

（14）对于吊顶内空间很高的区域，要考虑装饰吊顶是否需要做转换层。如果需要做转换层，则管线排布时的最低标高要距离吊顶 25cm，以便装饰做转换层。

（15）在各专业管线交叉密集处，需要上人操作检修处应留操作检修通道，通道宽应大于 450mm。

（16）管道井的尺寸，应根据管道数量、管径大小、排列方式、维修条件，结合建筑平面和结构形式等合理确定。需进入维修管道的管径，其维修人员的工作通道净宽度不宜小于 0.6m。管道井应每层设外开检修门。管道井的井壁和检修门的耐火极限和管道井的竖向防火隔断应符合《建筑设计防火规范》GB 50016 的规定。

所有综合排布过程应以《民用建筑供暖通风与空气调节设计规范》GB 50736 要求为准，摘录如下：

8.10 制冷机房

8.10.1 制冷机房设计时，应符合下列规定：

1 制冷机房宜设在空调负荷的中心；

2 宜设置值班室或控制室，根据使用需求也可设置维修及工具间；

3　机房内应有良好的通风设施；地下机房应设置机械通风，必要时设置事故通风；值班室或控制室的室内设计参数应满足工作要求；

4　机房应预留安装孔、洞及运输通道；

5　机组制冷剂安全阀泄压管应接至室外安全处；

6　机房应设电话及事故照明装置，照度不宜小于100lx，测量仪表集中处应设局部照明；

7　机房内的地面和设备机座应采用易于清洗的面层；机房内应设置给水与排水设施，满足水系统冲洗、排污要求；

8　当冬季机房内设备和管道中存水或不能保证完全放空时，机房内应采取供热措施，保证房间温度达到5℃以上。

8.10.2　机房内设备布置应符合下列规定：

1　机组与墙之间的净距不小于1m，与配电柜的距离不小于1.5m；

2　机组与机组或其他设备之间的净距不小于1.2m；

3　宜留有不小于蒸发器、冷凝器或低温发生器长度的维修距离；

4　机组与其上方管道、烟道或电缆桥架的净距不小于1m；

5　机房主要通道的宽度不小于1.5m。

8.10.3　氨制冷机房设计应符合下列规定：

1　氨制冷机房单独设置且远离建筑群；

2　机房内严禁采用明火供暖；

3　机房应有良好的通风条件，同时应设置事故排风装置，换气次数每小时不少于12次，排风机应选用防爆型；

4　制冷剂室外泄压口应高于周围50m范围内最高建筑屋脊5m，并采取防止雷击、防止雨水或杂物进入泄压管的装置；

5　应设置紧急泄氨装置，在紧急情况下，能将机组氨液溶于水中，并排至经有关部门批准的储罐或水池。

8.10.4　直燃吸收式机组机房的设计应符合下列规定：

1　应符合国家现行有关防火及燃气设计规范的相关规定；

2　宜单独设置机房；不能单独设置机房时，机房应靠建筑物的外墙，并采用耐火极限大于2h防爆墙和耐火极限大于1.5h现浇楼板与相邻部位隔开；当与相邻部位必须设门时，应设甲级防火门；

3　不应与人员密集场所和主要疏散口贴邻设置；

4　燃气直燃型制冷机组机房单层面积大于200m^{2}时，机房应设直接对外的安全出口；

5　应设置泄压口，泄压口面积不应小于机房占地面积的10%（当通风管道或通风井直通室外时，其面积可计入机房的泄压面积）；泄压口应避开人员密集场所和主要安全出口；

6　不应设置吊顶；

7　烟道布置不应影响机组的燃烧效率及制冷效率。

3.2.3　系统管路优化细节

在系统管路深化设计过程中一般要考虑以下几个方面：

（1）深化考虑机房内各专业管道，包括给水排水、消防、通风、弱电等；

（2）注意建筑门所在位置，考虑通道路径及宽度；

（3）外部管道是否施工，与机房内管道的接口；

（4）阀门布置的位置及高度，保持高度一致；

（5）模块的设计形式，影响整个布局；

（6）基础的尺寸高度及形式；

（7）设备检修的形式及空间要求，预留主机的维修空间；

（8）大型设备的就位时间，预留设备运输通道；

（9）管段模块的装配顺序；

（10）支架的设计形式，落地、吊架、框架等；

（11）机械加工的要求：标准短管的设计，便于批量生产，如阀门间标准短管；

（12）设备厂家清洗装置，如冷水机组的清洗装置形式不同，设计图纸不体现；

（13）考虑装配预留调差段；

（14）阀门的尺寸及阀门应安装在易操作的位置；

（15）直管段分段的长度，法兰的厚度；

（16）设计完成后的支架钢板预留预埋、预留洞等；

（17）模块高度在保证安装预留的情况下做到最低，在运输过程中做临时支撑，一是防止变形，二是降低安全风险。

3.2.4 系统设计改进措施

系统设计改进措施见表 3.2-1。

系统设计改进措施   表 3.2-1

序号	标准类别	内容	详细	措施	备注
1	节能设计	管道设计	管道节能措施	按系统优化设备位置，压缩空间减短管道路由	(1)采用顺水三通；(2)减短管线路由，特别是一次侧二次侧之间
		设备仪表的设计	对设备运行参数进行收集整理	远传仪表集成设计	在模块中考虑仪表的布置
2	集成设计	设备成组	摆脱以往单一类型的设备、管道、支架等集成的形式,注重多个设备成组	形成"盒子"模块的概念，模块内部为一个整体，通过"盒子"出入接口与外部管道连接，具有相对的独立性	模块设计考虑
3	智慧运维设计	压力集成	测压、监控	对机房运行时整个压力、温度、和流量分别集成到设备表面板上(可远传、远控、并统计分析)	(1)设计方面主要预留弱电末端设备位置:仪表集成面板；(2)在机房布置充分考虑检修空间、检修通道,设置小桁架,方便后期设备搬运
		温度集成	测温、监控		
		流量集成	测流量、监控		
		机房内环境监测报警	温湿度、噪声爆管,漏水		
		耗能监测分析	用水用电采集		
		远程控制	数据采集及弱电接驳		

3.2.5　装配式冷热源设备机房正向设计注意事项

1. 一般规定

（1）装配式冷热源机房设计应通过 BIM 应用完成多专业一体化综合布置，应充分考虑设备、管道、阀门及附件等运行维护的空间，同时应充分考虑运输、吊装等条件的限制，模块的体积、重量应在制作、运输和安装各阶段满足实施条件。

（2）装配式空调机房的集成不应改变原设计功能需求，建议有条件的建设单位可从设计阶段引入装配式空调机房集成设计。

（3）装配式机房集成化设计应将所有管道优化布置后进行精细化模型建立，在安装前解决全部误差，装配阶段无需图纸便可安装。

（4）集成设计软件应具备图形数据模拟分析、空间碰撞检测及空间协调、CAD 图纸及工程量报表生成功能。

（5）装配式机房内的阀门附件的规格型号（公称直径、工程压力，耐受温度等）参数应进行现场复核。

（6）装配式设备运输过程中的道路宽度及高度限值需提前勘测确定路线。

（7）装配式设备在无足够设备通行所需通道时，应在设计阶段考虑设备吊装所需的吊装口尺寸。

（8）装配式设备应考虑设备重量对楼板的荷载。

（9）装配式设备的局部管件应采用低阻力设备，以降低机房整体能耗。

（10）装配式机房应在设计阶段建模阶段考虑装配式设备的安装次序及路线，在合理考虑运行维护空间的同时兼顾美观性，且宜具有物联网、移动通信系统等技术的集成或融合的能力。

2. 设计原则

（1）装配式冷热源机房宜设置在冷热源负荷的中心。

（2）装配式冷热源机房应与土建专业同步协调设计，装配式单元的尺寸、形式、安装位置应结合土建预留大件运输通道合理选择，同时还应满足结构设计荷载的要求。

（3）装配式冷热源机房设计应包括系统校核、设备选型、基础布置、管线划分、装配式单元划分、装配式单元节能设计、专业协调等内容。

（4）装配式冷热源机房设计应根据建筑的功能设置、负荷特点和建设需求，以系统综合能效比为目标，利用仿真模拟工具，通过选择高效、低阻、低噪声装配化单元，优化装配式单元配置、系统设计和控制策略等手段，实现预定的高效冷热源机房能效设计目标。

3. 设备选型应满足以下要求

（1）应以装配式冷热源机房设计能效为目标，考虑建筑物全年冷热负荷的变化规律及不同类型冷热源装配化单元的容量范围和能效特点，合理选择装配化单元数量、容量和类型，并确定全年运行方式。

（2）冷热源装配式单元所选择机组的总装机容量与计算冷负荷的比值不应超过 1.1。

（3）模块化泵组装配式单元应选用变频水泵组，水泵电机宜选用变频电机。

（4）应根据实际应用条件选择相应的冷却塔类型，在保证布水均匀性及热力性能的前提下，应选用流量调节范围广的冷却塔。

（5）管道、阀门装配式单元应与冷热源设备装配式单元匹配，且应选取低阻力、带导流板等管道、阀门装配式单元。

（6）管道支吊架装配式单元应结合管道装配单元进行设计选取，应依据材料力学和结构力学理论，借助有限元仿真进行强度和刚度计算，安全系数不小于2。

4. 装配式冷热源机房节能设计应满足以下要求：

（1）冷热源装配式单元COP、IPLV值不应低于现行国家标准《建筑节能与可再生能源利用通用规范》GB 55015、《民用建筑供暖通风与空气调节设计规范》GB 50736、《公共建筑节能设计标准》GB 50189 的相关要求，宜高于相关要求的15％以上。

（2）模块化泵组装配式单元输配系统耗电冷（热）比 EC（H）R 不应低于现行国家标准《公共建筑节能设计标准》GB 50189 和《民用建筑供暖通风与空气调节设计规范》GB 50736 的相关要求，宜高于相关要求的15％以上。

（3）冷却塔能效应不低于现行国家标准《机械通风冷却塔　第1部分：中小型开式冷却塔》GB/T 7190.1 规定的2级能效。

5. 综合动力中心的变配电室及线缆桥架深化设计

（1）变配电系统应根据机房的特点、负荷性质、用电容量、供电条件和节约电能等因素，合理制定优化设计方案。并符合现行国家标准《20kV 及以下变电所设计规范》GB 50053 和《低压配电设计规范》GB 50054 的规定。

（2）变配电室的位置宜靠近负荷中心、便于电源进线、便于设备运输与安装、不应设在经常积水场所的正下方和地势低洼可能积水的场所。

（3）电气控制系统应符合如下要求：1）布线应合理、整齐，焊点应牢固，接线应牢靠无松动；2）应具备过热、过流、短路保护功能；3）在电源缺相、错相、过压、欠压时，应能切断电路；4）应能实现运行设备和备用设备之间负载分担和故障切换功能的自动转换。

6. 仪表及控制系统的深化设计

装配式管段上需集成温度传感器、压力传感器、流量计等实现机房控制的仪器仪表。仪表的中心距操作地面的高度宜为 1.20～1.50m，显示仪表应安装在便于观察示值的位置，必要时应配备局部辅助照明。

机房的控制应能实现以下控制目标。

（1）节能控制

节能控制包括以下功能：1）冷水（热水）变流量运行控制；2）冷却水变流量运行控制；3）环路冷（热）量动态分配控制；4）定流量变温差控制；5）多设备加载控制。

（2）远程控制

控制装置可提供远程控制功能，对空调水系统进行联动控制。

（3）本地控制

控制装置可提供本地控制功能，对空调水系统进行联动控制。

（4）状态监测和显示

控制装置可提供系统运行状态的监测和显示功能，对空调水系统进行监测。

（5）系统运行安全保护

控制装置可提供低流量保护、低温保护、高压保护和故障报警系统运行安全保护功能。

（6）参数设定

控制装置可提供运行参数和保护参数的设置功能，对空调水系统运行进行调节控制。

（7）数据分析处理

控制装置可提供系统数据分析处理功能，对空调水系统运行数据管理。

7. 监控要求（检测温度，流量，压力，电功率等）

（1）装配式冷热源机房应设置检测与监控设备或系统，且宜设集中监控系统，并符合下列规定：检测与监控内容可包括参数检测、参数与设备状态显示、自动调节与控制、工况自动转换、设备联锁与自动保护、能量计量以及中央监控与管理等。具体内容和方式应根据建筑物的功能与要求、系统类型、设备运行时间以及工艺对管理的要求等因素，通过技术经济比较确定；集中监控应设置就地和运控模式，就地控制具有优先等级。远程/就地转换开关的状态应为监控系统的检测参数之一。

（2）装配式冷热源机房的供冷（热）量、燃料消耗量、补水量、主要设备耗量宜分时及分设备计量。

（3）装配式制冷（热）机房应设置就地控制和配备完善的自控系统。

（4）装配式制冷（热）机房就地控制具备下列功能：

1）主机启停、切换、冷热水出水温度设定。

2）热水泵、冷却水泵的启停、切换及频率控制。

3）冷却塔的启停、切换及风机频率控制。

4）一键启停，可按照程序实现机房内设备及附件的顺序启停。

5）装配式制冷（热）机房自控系统应符合下列规定：

1）宜实现运行过程中无人值守的控制要求。

2）采用标准化通信协议组网

3）应具有监测及显示功能，具有数据储存与处理及报警功能，具备"远程控制"和"就地控制"模式，且应满足现行国家标准《中央空调水系统节能控制装置技术规范》GB/T 26759 要求。

（5）装配式制冷（热）机房自控系统应能实现对整个制冷（热）系统的节能控制，并具备以下功能：

1）冷热水系统变流量运行控制功能；

2）冷热水出水温度重设定功能；

3）宜具备冷却水变流量运行控制功能；

4）冷却塔宜具备风机转速调节、出水温度调节功能；

5）应具备能效监测及数据统计查询功能；

6）应具备多设备自动加减载及自动匹配运行控制功能。

8. 制图

（1）项目在施工图交付阶段，应提供如下资料：

建筑信息模型、机电各专业施工图、设备基础布置图、支吊架综合布置图、预制化支吊架下料图、装配式设备模块加工图、装配式管线及设备分段预制加工图、装配式模块连接实施大样图等；工程量统计清单、支吊架应力计算等文件。

（2）建筑信息模型应包含设计阶段交付所需的全部设计信息，并可索引其他类别的交付物。

（3）建筑信息模型的深度应符合下列规定：

1）应符合项目级、功能级和构建级模型单元的模型精细度要求；

2）应符合项目级和功能级模型单元的信息深度要求；

3）应符合构件级和零件级模型单元的集合表达精度和信息深度要求。

（4）预制构件拆分时，宜依据施工吊装工况、吊装设备、运输设备和道路条件、预制厂家生产条件以及标准模数等因素确定其位置和尺寸信息。

（5）制作及装配加工图宜注明管道连接焊缝或法兰等的设置及管道下料要求；各管道及其附件的名称、材质、规格、尺寸以及各管道与管家的定位尺寸。

（6）预制模块施工图应明确预制模块的安装要求、安装顺序等信息。

（7）施工图的制图标准及制图深度应符合现行国家标准《房屋建筑制图统一标准》GB/T 50001 和《暖通空调制图标准》GB/T 50114 的相关规定。

3.3 泵组设计

3.3.1 泵组设计原则

1. 集约化

装配式机房受运输条件限制，泵组尺寸设计过程中，希望在满足功能和运维需求的条件下，尺寸做得尽可能小，功能尽可能多，从产品的角度去设计。泵组模块包括管道支撑系统、泄水系统、仪表、阀门、标识、端口封堵、接地、电气桥架及末端连接附件等，有条件的可以在工厂内做整体打压试验。

2. 标准化

泵组的设计标准化是为了提高设计效率与加工效率。在过去总是强调一个机房出了多少张图纸，强调图纸数量的重要性，实际加工是需要数据越精简越好，种类越少越好，既能提高设计效率，又能提高加工效率。标准化的这个标准有大有小，需要从"大标准"往小标准去向下延伸。例如最大的标准化就是整个机房的标准化，一站式机房设计就是标准化的最大，最直接的表现。如果整个机房做不了标准化，那么找相同类型的模组做标准化设计。例如泵组模块，一个制冷机房由若干个泵组模块组成，有可能有几种泵组模块，几种类型的制冷机模块，但是在组成模块的部件里面还有标准化的东西，里面某些部件是相同的，同样也能减少预制构件的类型，提高加工效率。再细分下去，在一个部件里面还有相同的部分，元件标准化、等长的管道就是，例如干支管的部件里面，支管的长度标准化以及弯头、短管、连接弯头的短直管长度标准化。

在标准化设计的过程中，另一个需要注意的是，系统设计和标准化设计没有必然关系。例如冷冻模块和冷却模块，有时候是一种类型，只是系统不一样而已，从预制加工的角度看是一样的构件。如此归类为标准化设计，也能极大提高设计效率。

3. 遵从原设计原理

在预制装配设计中需要注意的泵组位置和顺序，水泵针对冷机是吸入还是压出，水泵的并联台数、备用泵设置、接水管位置等系统原理不宜轻易改变。

3.3.2 泵组设计注意事项

1. 泵组尺寸设计

泵组尺寸设计主要考虑道路上的运输空间限制、现场吊装运输限制、现场的实际情况限制，具体也和运输车辆的类型有关，通常采用低板车，板车高度在 0.6～1m，还需要考虑泵组模块在板车上的垫木 0.1m 的高度。泵组的现场吊装，四周留有不少于 200mm 的空间，现场安装的过人通道留有不少于 500mm 的空间，主要操作通道留有不少于 1.5m 的空间。泵组内部的空间设计，满足所有阀门仪表的操作观测所需空间，在 BIM 设计阶段，需要考虑阀门阀柄的长度、仪表的支管长度，以及保温层的厚度，避免保温后成型效果差。在突出部位考虑保温空间后，与之接触的部分，留有不少于 10cm 的安全空间，防止各类误差导致行程效果差。水泵设备之间的距离，遵守设备说明，通常只需考虑水泵安装的空间需求。

2. 泵组细节设计

（1）水泵进水口处采用顶平变径，模型中大小头的长度通常是实物的 2 倍，最终要根据实际采购的变径长度，批量修改大小头族文件规格表，实现大小头模型的批量修改。在 BIM 模型中绘制上下偏心，应在平面视图中进行。

（2）水泵出水支管接主管采用不小于 60°的顺水三通；顺水三通有两种制作方式，一种是 90°弯头切割一部分与干管连接，该方式不正规且不能机械切割与焊接，但是节省空间节省一道焊缝。另一种是 45°支管与 45°弯头焊接形成顺水三通，该方式可以实现机械切割和焊接，但是所需空间较大，多了一道焊缝。

（3）水泵进水支管连接主管，规范未要求顺水三通，但是有支管局部同主管变径的做法。

（4）泵组安装时，一般情况下要求螺栓的朝向一致，但是软接头的螺栓朝向是相反的，即为"背对背"。螺栓出螺母 2～3 扣，个别位置不易穿过螺栓时，例如阀门本体遮挡，水泵进口处的偏心变径，采用双头螺母的螺杆安装。

（5）阀门朝向一致，留有操作空间，且便于操作，阀门设置与安装，对于蝶阀、止回阀要考虑开启空间，不能直连，需要加法兰短管；阀门不仅仅关注长度，还需要收集阀杆，转轮尺寸并实际反映在模型中。

（6）采购的阀门压力等级和法兰压力等级，与系统设计压力等级相一致。

（7）软接头设计安装：橡胶软接头的尺寸基本和标准一致，厂家之间的差异不大。橡胶软接头在安装运输过程中考虑通丝螺杆限位，防止变形。在泵组尺寸受限的情况下，可以采用变径软接头节省空间，变径软接头的承压在 1.2MPa 以内。承压较高的泵组，宜采用金属软接头。橡胶软接头的安装，螺纹朝外。

（8）在理论上采用 1.5 倍率弯头，通常泵组尺寸受限采用 1 倍弯头，为节省空间与材料，也有采用变径弯头。

（9）过滤器安装：大部分采用 Y 形过滤器，每个厂家的长度差异较大，长度基本在管径的 2.5～3 倍，前后通常预留压力表安装位置。

（10）泵组设计整体考虑泄水，接电，接地，照明。

（11）框架宜采用 H 型钢制作。

（12）水泵立管不宜与框架支撑立杆同线。

（13）阀门设计位置符合图集及原设计要求，设计过程中考虑阀门阀柄长度。

（14）隔振台座设计为悬挂式比托举式的节省高度。

（15）泄水支管宜采用 DN32 镀锌钢管，采用对应规格的截止阀

（16）仪表支管采用 DN15 镀锌钢管，仪表位置符合图集规范，压力表短管采用标准化长度，采用成套压力表，配备旋塞阀和球阀。通常水泵出口，止回阀之前安装压力表，水泵进口处过滤器前后安装压力表（图 3.3-1）。

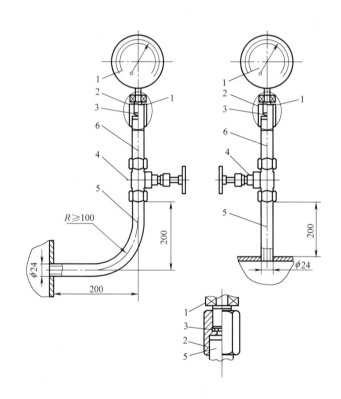

图 3.3-1　压力表安装图

1—弹簧压力表；2—压力表接头；3—垫片；4—内螺纹截止阀；5、6—焊接钢管

（17）温度计安装，一般采用盘式温度计，在泵组上一般不设置温度计，温度计安装在冷机管段上，温度计配置专用温度计底座，型号为 DN20 或 DN25，具体尺寸与温度计有关。温度计安装，要位于便于观察盘面的位置（图 3.3-2）。

3.3.3　水泵常规安装图集

（1）机电安装工程施工工艺标准（图 3.3-3～图 3.3-6）

（2）水泵安装图（图 3.3-7～图 3.3-9）

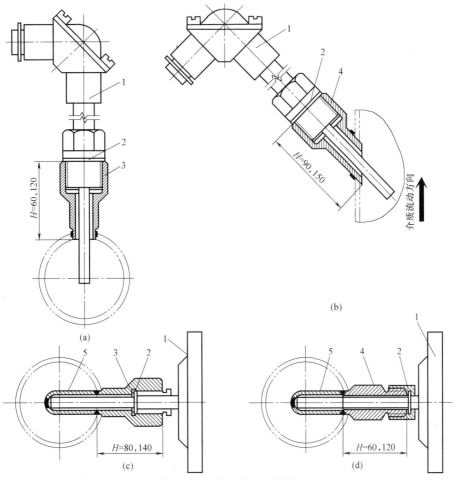

图 3.3-2 温度仪表安装图

（a）垂直安装图；（b）斜45°安装图；（c）双金属温度计
外螺纹连接安装图；（d）双金属温度计内螺纹连接安装图

（a）（b）1—热电偶、热电阻；2—垫片；3—直型连接头；4—45°角型连接头

（c）（d）1—双金属温度计；2—垫片；3—直型连接头（内螺纹）；4—直型连接头（外螺纹）；5—套管

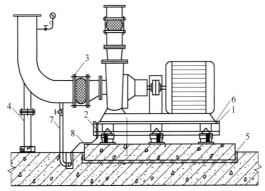

图 3.3-3 卧式水泵浮筑基础（软接位于横管上）

1—混凝土惰性块；2—不等边角钢；3—限位式橡胶软接头；4—弯头辅助支座；
5—橡胶或软木；6—凹槽；7—泄水管；8—预留排水管

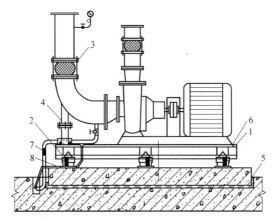

图 3.3-4　卧式水泵浮筑基础（软接位于立管上）

1—混凝土惰性块（也可是型钢基础）；2—不等边角钢；3—限位式橡胶软接头；

4—弯头辅助支座；5—橡胶或软木；6—凹槽；7—泄水管；8—预留排水管

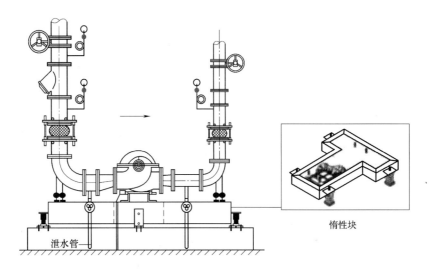

图 3.3-5　卧式水泵安装（"I"形惰性块，软接位于立管上）

水泵安装注意事项。

一般工业与民用建筑中暖通空调专业采用立式离心泵。卧式离心泵、双吸离心泵，常用卧式离心泵。卧式离心泵安装应按设计要求选择隔振或不隔振安装方式。不隔振安装一般用在无隔振要求的区域（如地下室最底层），分混凝土基础和钢架基础两种，混凝土基础又分为预埋螺栓和螺栓孔灌浆两种做法。

水泵不隔振安装采用螺栓孔灌浆混凝土基础的施工工艺流程，一般为：基础验收移交→设备就位→用斜垫铁调平调正→调整标高→验收（填写水泵安装记录表格）→螺栓孔灌浆→基座灌浆。螺栓孔灌浆应采用膨胀水泥。设备找平找正完毕，二次灌浆前应将每组斜垫铁点焊牢固。

水泵隔振安装时，应根据隔振要求选择合适的安装方法，具体可参照标准图集16K702《水泵安装》。

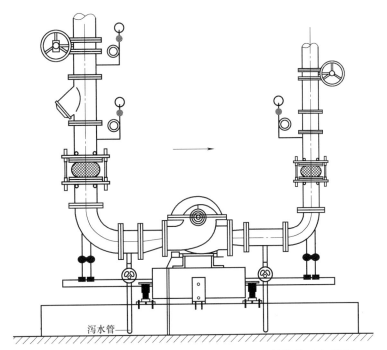

图 3.3-6 卧式水泵安装（惰性块＋辅助牛腿，软接位于立管上）

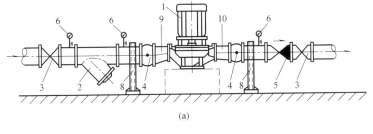

(a)

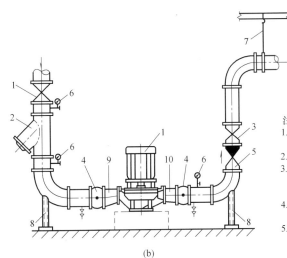

(b)

注：
1.不带支脚的立式泵可直接与管道连接。带支脚的立式泵应
  安装在混凝土基础上。
2.本图仅表示单级立式泵进出水管基本接管形式。
3.水泵吸入端过滤器的设置及其形式由设计人员确定，安装
  时应根据现场情况，适当调整过滤器的安装角度，以便抽
  出滤芯。
4.固定支架和软接头的安装参考国标图集13K204《暖通空调
  水管软连接选用与安装》。
5.压力表型号及安装位置由设计人员确定。

图 3.3-7 单级立式离心泵接管示意图

1—水泵（包括电机）；2—过滤器；3—阀门；4—软接头；5—止回阀；
6—压力表；7—吊架；8—支架；9—偏心变径管；10—同心变径管

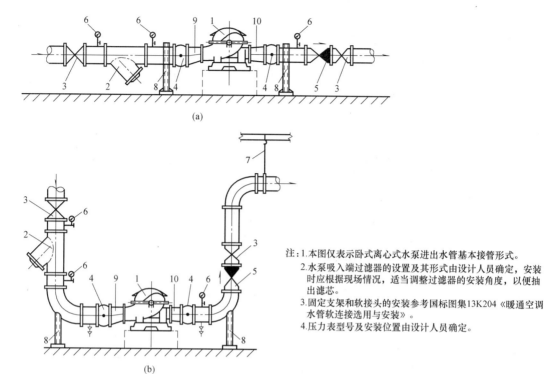

注：1.本图仅表示卧式离心式水泵进出水管基本接管形式。
2.水泵吸入端过滤器的设置及其形式由设计人员确定，安装时应根据现场情况，适当调整过滤器的安装角度，以便抽出滤芯。
3.固定支架和软接头的安装参考国标图集13K204《暖通空调水管软连接选用与安装》。
4.压力表型号及安装位置由设计人员确定。

图 3.3-8　单级双吸卧式离心泵接管示意图

1—水泵（包括电机）；2—过滤器；3—阀门；4—软接头；5—止回阀；

6—压力表；7—吊架；8—支架；9—偏心变径管；10—同心变径管

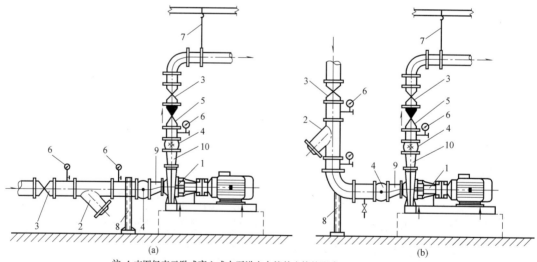

注：1.本图仅表示卧式离心式水泵进出水管基本接管形式。
2.水泵吸入端过滤器的设置及其形式由设计人员确定，安装时应根据现场情况，适当调整过滤器的安装角度，以便抽出滤芯。
3.固定支架和软接头的安装参考国标图集13K204《暖通空调水管软连接选用与安装》。
4.压力表型号及安装位置由设计人员确定。

图 3.3-9　单级单吸卧式离心泵接管示意图

1—水泵（包括电机）；2—过滤器；3—阀门；4—软接头；5—止回阀；

6—压力表；7—吊架；8—支架；9—偏心变径管；10—同心变径管

卧式水泵橡胶隔振垫隔振安装时，注意：（1）根据泵的不同，隔振器的数量不同，一般分为 4、6、8 个隔振器。（2）橡胶隔振垫可以分层叠放，中间加钢板，每层纹路错开，最高 5 层。（3）镀锌钢板的平面尺寸应比橡胶隔振垫每个端部长 10mm。

水泵隔振台座分为混凝土台座和型钢台座两大类别：混凝土台座可以减少设备本身的振动，调整设备底盘的偏心，降低设备的重心；型钢台座重量较轻，制作安装较为方便，设计人员可根据建筑工程的性质适当选用，一般情况下建议采用混凝土隔振台座。

水泵隔振台座的厚度不应小于 100mm，最大厚度不宜超过 350mm，混凝土台座的重量不宜小于设备重量的 2 倍。

1. 其他注意事项

（1）水泵固定螺栓及弹簧隔振器固定螺栓安装时，必须保证所有螺栓便于检修拆卸。

（2）设备过滤器检修口的设置须便于清洗及检修，方便调试过程中拆卸，更换滤网。

（3）水泵槽钢基础设置时，需要考虑预留排水孔，以便槽钢网格内积水顺利排出。

（4）水泵进出口的泄水管接至排水沟时，地面段宜埋设在泵房地面垫层内，在出水口的埋设方向应顺着排水沟方向，避免产生溅水。

2. 水泵安装前的检查清洗

（1）水泵的开箱检查应按装箱清单清点水泵的零件、部件、附件和专用工具，应无缺件；包装应完好，无损坏和锈蚀；管口保护物和堵盖应完好。

（2）核对水泵的主要安装尺寸，并应与工程设计相符合。

（3）应核对输送特殊介质的水泵的主要零件、密封件以及垫片的品种规格。

（4）整体出厂的水泵在防锈保证期内，应只清洗外表；出厂时已装配、调整完善的部分不得拆卸；当超过防锈保证期或有明显缺陷需拆卸时，其拆卸、清洗和检查应符合随机技术文件的规定

3. 水泵安装的通用要求

（1）水泵应安装水平，整体安装的泵应在泵的进、出口法兰面或其他水平面上进行检测，纵向安装水平偏差不应大于 0.10/1000，横向安装水平偏差不应大于 0.20/1000。

（2）水泵安装应按设计要求选择隔振或不隔振安装方式。当水泵安装在楼板上或不能满足周边环境（房间）对噪声、振动要求时，应选择隔振安装，隔振安装应达到设计要求的振动传递比。

（3）当多台泵并列安装时，水泵距墙的距离不宜小于 600mm，水泵之间的距离不宜小于 500mm。

（4）水泵连接部件（软接、阀门、大小头等）无论是硬接还是软接都应在自然（无应力）状态下安装，不应使其挠曲或产生位移，不应承担管道重量。在应力状态下安装易造成法兰安装不平，产生漏水。

（5）水泵安装采用预制组合泵组的安装方式，并列的多台水泵连同隔振台座、水管、阀门及其支架按设计图纸在工厂预制加工好并组合成一个整体，然后运送到现场进行组合装配。施工时应根据批准的加工图纸和技术要求进行制作和安装，保证系统正常运行并方便后期维护。

（6）在一些对隔振降噪要求较高的特殊场合，与水泵相连接的水管应该采用弹性托吊架，弹性托吊架应在其额定荷载范围内使用，弹性托吊架的选用和安装可参考相关的

国家。

（7）用于有抗震要求的（抗震设防烈度 8 度、9 度的地区）水泵应有防倾覆限位措施。

（8）当弯头辅助制作不能承受软接延展推力时应采用限位式橡胶软接。

4. 卧式水泵安装

（1）水泵位置准确，固定牢固，安装平正、稳定；运行平稳，无明显振动，运行声小，没有杂音。

（2）水泵成排安装时，布局合理，间距均匀一致，水泵中心应在同一条直线上。与设备连接的管道装配协调，布局合理，排列整齐。

（3）水泵出支管连接总干管采用不小于 45°的顺水三通。

（4）支架位置应放在减振喉之后以免影响减振效果。

（5）根据设计要求设置减振器和惰性块。

（6）对于出口处有减振要求的管道要根据管道及水容量选取合适的弹簧减振器支吊架。

5. 卧式双吸泵进出口连接

（1）水泵软接头一般应在水泵进出口处水平安装。

（2）因空间受限不能在水平管段上安装软接头的，建议选择 U 形泵（或称羊角泵，进出口均朝上）

（3）当空间不足导致水泵进出口软接安装在立管上时，应将弯头支座固定在隔振台座上，按要求设置支撑

（4）空调冷水泵进出口弯头辅助支座应增加保温，并在法兰对接处加装垫木等断冷桥的处理措施。当管路系统工作压力较大或管径较大时，水泵弯头处水压推力较大，可选用不带法兰垫木的弯头支座，增强受力性能，但须整体保温，防止冷桥。

6. 立式水泵安装

（1）立式水泵如有隔振要求时，选用橡胶隔振器或者橡胶。立式泵因重心较高，应保证其安装及运行的稳定安全性，隔振垫隔振立式水泵不适用弹簧式减振器。

（2）多台多级立式水泵可共用型钢或混凝土基础，设备就位前进行基础交接检查，合格后方可就位。

（3）减振器与水泵及水泵基础连接牢固、平稳、接触紧密。

（4）水平及垂直度要符合要求。

（5）垫铁组放置位置正确、平稳，接触紧密，每组不超过 3 块。

（6）水泵出入口管道应单独设立支架。

（7）架位置应放在减振喉之后，以免影响减振效果。

（8）对于出口处有减振要求的管道，要根据管道及水容量选取合适的弹簧减振器支吊架。

（9）小型整体安装的泵，垂直度要符合要求。

（10）大型立式水泵隔振垫隔振，上部考虑电机防晃措施。

（11）水泵轴承盘根（轴承密封填料）处滴漏的少量液体属于正常现象（填料密封出水，有两个作用：一是对填料起到冷却和润滑的作用，二是形成水封，进一步起到密封的

作用），为满足有组织排水的要求，需由漏斗及管道将盘根滴漏的水引致排水沟排出；水泵正常运行时，一般盘根滴水宜控制在每分钟 30～60 滴。机械密封的泵轴不应出现滴漏。

7. 软接限位杆的使用

（1）软接加装限位杆的作用

1）防止水压过大时软接受力过大导致橡胶密封面漏水。

2）当机房使用弹簧隔振的管道支架时，防止启停泵时管道上下抖动。

（2）软接加装限位杆的条件

1）工作压力＞1.0MPa 或静压＞0.8MPa 或公称直径＞400mm 的软接必须加装限位杆。

2）工作压力＞0.8MPa 或静压＞0.6MPa 或公称直径＞300mm 的软接建议加装限位杆。

8. 水泵基础限位器和隔振器

（1）限位杆及限位器用于固定基础的位置，在调试、试运行、检修，特别是试压时，更应注意限位器的作用。

（2）抗震设防烈度不超过 7 度的地区采用 L 形台座限位器，抗震设防烈度 8 度、9 度的地区采用 Z 形台座限位器。

（3）隔振器一定要依据设备的重心设置，尤其是卧式水泵。由于民用建筑中使用的水泵大多数是单级离心泵，其重心不在设备中心，因此，隔振器的设置要使其能够尽量均匀承受水泵及其台座的重量，这样不仅可加强隔振效果，而且还可以延长隔振器使用寿命。可以通过查看每个隔振器弹簧的压缩量来检查隔振器受力是否均匀。

3.4 一站式机房设计

一站式制冷机房组合装置包括多个组合使用的模组，模组包括框架，框架具有底层和顶层；底层上并排地设有冷水循环水泵和冷却循环水泵，冷水循环水泵分别连接有冷水供水管道和冷水出水管道，冷却循环水泵分别连接有冷却回水管道和冷却进水管道；顶层上依次设有第一主干管、第二主干管、第三主干管和第四主干管，第一主干管连接冷却进水管道，第二主干管连接冷水出水管道，第三主干管连接有冷水回水管道，第四主干管连接有冷却供水管道；冷水回水管道向下延伸至底层，冷水回水管道与冷水供水管道之间连接并设有阀门；冷却供水管道向下延伸至底层，冷却供水管道与冷却回水管道之间连接并也设有阀门。

冷水循环水泵和冷却循环水泵成对地设置，并与制冷机（热交换装置）对应设置，形成冷却系统上的模数化，不仅简化了安装和施工工序，还能够达到较好的冷却降温效果（图 3.4-1）。

框架以及这些管道、阀门等均采用模块化零件、标准化设计，布置结构条理清

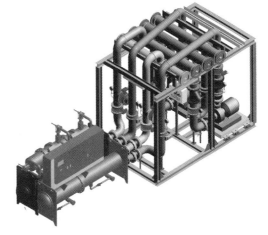

图 3.4-1 一站式机房泵组模数化

晰，各部件均具有可替换性，一方面在预制加工和运输过程中，较为方便和省事，成本效益较佳，另一方面也便于后期的维修保养（图3.4-2）。

图3.4-2　标准化部件

底层上设有一对减振台座，减振台座与底层的边框之间设有若干弹簧减振器；一对减振台座上分别安装冷水循环水泵和冷却循环水泵（图3.4-3）。

图3.4-3　减振台座

减振台座和弹簧减振器的使用，能够减缓这些水泵和电机运行时带来的振动，降低噪声，减少管道连接因振动造成的松动；直接设置在框架上，不用单独做设备基础（图3.4-4）。

图3.4-4　减振台座和减振弹簧

框架为若干工字钢焊接或者螺栓连接形成的落地桁架结构，底层和顶层之间通过若干竖向立柱支撑连接，竖向立柱两侧与底层之间分别设有斜肋板（图3.4-5）。

图 3.4-5　弯头支撑细部做法

　　整体采用落地钢桁架结构，配合立柱支撑连接，结构稳定可靠，而且减少对墙梁板的安装依赖，只需要提供平整场地即可安装施工（图 3.4-6）。

图 3.4-6　整体框架

　　底层具有底层矩形边框，底层矩形边框内设有一对底层横梁，其中一个底层横梁与底层矩形边框之间设有连接梁并分别形成安装冷水循环水泵和冷却循环水泵的空间；底层横梁上还设有若干底层管支撑，底层管支撑分别支撑冷水供水管道、冷水回水管道、冷却回水管道、冷水出水管道和冷却进水管道的弯管部分（图 3.4-7）。

图 3.4-7　底层铺设花纹钢板

采用该种结构的底层结构简单，易于两种水泵的独立安装，便于多种管道的接入和引出，管道间不交叉，避免交叉施工；底层管支撑能够支撑各种管道的弯管部分，能够形成竖向和横向的多向支撑力，支撑更加稳定（图3.4-8）。

图 3.4-8　底层框架

底层管支撑包括螺栓连接在底层横梁上的连接法兰，连接法兰上设有支撑柱，支撑柱的上端部设有倾斜设置的弧形支撑板，弧形支撑板与弯管部分的外轮廓相适配设置。相当于在管道受力较大处设置底层管支撑（图3.4-9）。

图 3.4-9　安装二维码

顶层具有顶层矩形边框，顶层矩形边框内设有顶层横梁，顶层矩形边框和顶层横梁上分别设有用于固定第一主干管、第二主干管、第三主干管和第四主干管的等间距平行排列的顶层管支撑；顶层矩形边框上还设有一对平行的横架，横架上设有用于固定冷水供水管道和冷却回水管道的顶层管支撑（图3.4-10）。

顶层的结构布置也通过合理的规划，将各种管道有条理地支撑，顶层管支撑能够有效地连接和固定这些管道，将受力均匀分布在框架上。进一步，顶层管支撑为固设在顶层横梁和桁架上的安装板，安装板上设有圆形的安装孔（图3.4-11）。

框架远离冷水循环水泵和冷却循环水泵的一侧的外部设有换热装置，换热装置连接冷

图 3.4-10　顶层管道斜接直连

图 3.4-11　顶层横管管道支撑

水供水管道、冷水回水管道、冷却回水管道和冷却供水管道的端部；第四主干管的一端连接至外部的冷却塔（图 3.4-12）。

图 3.4-12　与冷却塔连接管道采用法兰连接

框架上设有集成照明，集成照明设置在靠近阀门和仪表处，便于阀门和仪表处的照明亮度，有利于后期运营管理（图 3.4-13）。

底层的管道分别连接有排水管，框架的周边设有排水沟并连接至地漏，排水管分别连接排水沟，形成集中泄水的设计（图 3.4-14）。

模组内还设有集成配电与接地，采用架空地板的地插原理，防水电缆连接水泵配电，水泵与框架的支撑体系接地，框架再整体接地，安全性更高（图 3.4-15）。

图 3.4-13　设置照明系统

图 3.4-14　设置集中泄水

图 3.4-15　集成远传仪表

3.5 支吊架深化设计

3.5.1 一般支吊架选用原则

在选用管道支吊架时，应按照支撑点所承受的荷载大小和方向、管道的位移情况、工作温度、是否保温或保冷、管道的材质等条件进行联合支架受力分析后选用合适的支吊架。支吊架选型和间距参照以下内容。

（1）管道支吊架

管道支吊架规格见表 3.5-1。

1）钢管水平安装的支、吊架间距不应大于表 3.5-2 的规定。

2）供暖、给水及热水供应系统的塑料管及复合管垂直或水平安装的支架间距应符合表 3.5-3 的规定。采用金属制作的管道支架，应在管道与支架间加衬非金属垫或套管。

管道支吊架规格　　　　　　　　　表 3.5-1

名称	管道规格（mm）											
	≤DN40			DN50～DN80			DN100～DN150			DN200～DN300		
	2 条	3 条	4 条	2 条	3 条	4 条	2 条	3 条	4 条	2 条	3 条	4 条
支架	L40×40×4			L40×40×4		L50×50×5	L50×50×5	L75×75×7 或 ⊏8	⊏8	L90×8 或 ⊏10	⊏12.6	⊏16
连接板	L40×40×4			L40×40×4		L50×50×5	L50×50×5		8	10		12
膨胀螺栓	M8×70			M8×70			M10×80			M10×80		M12×90

钢管管道支架的最大间距　　　　　　　　　表 3.5-2

公称直径（mm）		15	20	25	32	40	50	70	80	100	125	150	200	250	300
支架的最大间距（m）	保温管	2	2.5	2.5	2.5	3	3	4	4	4.5	6	7	7	8	8.5
	不保温管	2.5	3	3.5	4	4.5	5	6	6	6.5	7	8	9.5	11	12

塑料管及复合管管道支架的最大间距　　　　　　　　　表 3.5-3

管径（mm）			12	14	16	18	20	25	32	40	50	63	75	90	110
最大间距（m）	立管		0.5	0.6	0.7	0.8	0.9	1.0	1.1	1.3	1.6	1.8	2.0	2.2	2.4
	水平管	冷水管	0.4	0.4	0.5	0.5	0.6	0.7	0.8	0.9	1.0	1.1	1.2	1.35	1.55
		热水管	0.2	0.2	0.25	0.3	0.3	0.35	0.4	0.5	0.6	0.7	0.8		

3）铜管垂直或水平安装的支架间距应符合表 3.5-4 的规定。

铜管管道支架的最大间距　　　　　　　　　表 3.5-4

公称直径（mm）		15	20	25	32	40	50	65	80	100	125	150	200
支架的最大间距（m）	垂直管	1.8	2.4	2.4	3.0	3.0	3.0	3.5	3.5	3.5	3.5	4.0	4.0
	水平管	1.2	1.8	1.8	2.4	2.4	2.4	3.0	3.0	3.0	3.0	3.5	3.5

（2）风管支吊架

风管在最大允许安装距离下，吊架的最小规格应符合表3.5-5规定。

支吊架最小规格 表3.5-5

圆形风管直径或风管大边长 b（mm）	吊杆直径（mm）	横担规格（mm）
$b \leqslant 400$	$\phi 8$	L30×30×3
$400 \leqslant b \leqslant 1000$	$\phi 8$	L40×40×3
$1000 \leqslant b \leqslant 2000$	$\phi 10$	L40×40×4
$2000 \leqslant b \leqslant 2500$	$\phi 12$	L50×50×5

风管（含保温）水平安装时，其吊架的最大间距应符合表3.5-6。

（3）桥架支吊架

1）支吊架间距宜为1500mm。

吊架的最大间距 表3.5-6

风管边长或直径 （mm）	矩形风管 （mm）	圆形风管（mm）	
		纵向咬口风管	螺旋咬口风管
$\leqslant 400$	4000	4000	5000
$\geqslant 400$	3000	3000	3750

注：1. 薄钢板法兰、C形插条法兰、S形插条法兰风管的支、吊架间距不应大于3000mm。
　　2. 边长大于2500mm的风管支吊架应按设计规定。

2）刚性支架的设置位置：槽架的首/末端、转角/三通分支处、直线段每30m处。

3）支吊架材料选用标准（表3.5-7）

支吊架材料选用标准 表3.5-7

槽架宽度 W（mm）	形式	型钢吊具 （1）	型钢托架 （2、3、4）	备注
$\leqslant 150$	A形式	$\phi 10$ 全牙丝杆	－25×3框架	吊架底漆为红丹防锈漆，面漆为银漆
$150 < W \leqslant 400$	B形式		L30×30×3 横担	
$400 < W \leqslant 600$	B形式	$\phi 12$ 全牙丝杆	L40×40×4 横担	
$600 < W \leqslant 800$	B形式		L50×50×5 横担	
$800 < W \leqslant 1100$	C形式	$\phi 14$ 全牙丝杆，吊具可 $\geqslant 2$ 条	囗5号横担	
$1100 < W$	C形式		囗6号横担	

注：1. 当2条或2条以上槽架共用一吊架时，槽架的宽度为：$W_{总} = W_1 + W_2 + \cdots\cdots W_n + n \times 50$mm。
　　2. A形式的防晃动支架选用L30×30×3角钢来制作，其余情况选用上表"型钢托架（T）"一列中的型钢规格来制作。

3.5.2　机房支架设计原则

（1）机房支架参照上述规范要求的基础上深化设计；

（2）多选用联合支架的设计，同时考虑结构受力情况；

（3）支架型号选择需要保证支架的可靠稳定性；

（4）大型支吊架，需要提前设置预埋件；

（5）支架布置应合理，尽量布置在结构受力可靠的梁柱上；

（6）支架型钢选择应考虑预制加工及现场情况；

（7）保持统一的模块及支架形式，便于标准化生产，减少误差及返工。

3.5.3　机房支吊架设计形式

机房支吊架设计是重中之重，按照设计模块及综合排布的形式，机房支架主要分为两种形式，一种是落地支架；另一种是吊架。支架的形式因管线及模块的设计而变化，因而在模块与机房管线路由深化过程中要同时考虑支架的形式。支架的设计要考虑支架的形式、支架受力计算及材料型号的选择。

一般预制机房的支架形式：

1. 模块落地框架（图 3.5-1）

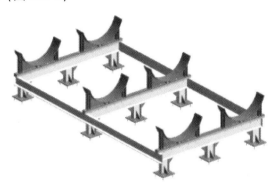

图 3.5-1　模块落地框架

2. 主通道落地框架（图 3.5-2）

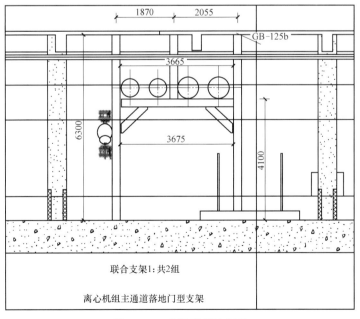

图 3.5-2　主通道落地框架

3. 普通吊顶支架 (图 3.5-3)

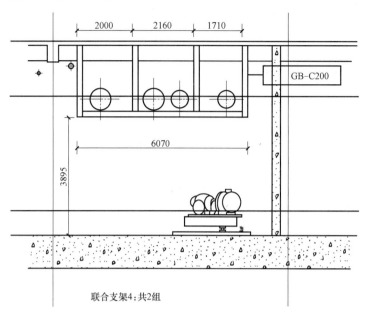

图 3.5-3　普通吊顶支架

3.5.4　支架受力计算及校核

在管线的初步排布阶段, 就应认真考虑管道综合支架的形式、结构、与结构墙柱的生根方式、与管道的固定方式, 特别是大型管道的承重支架, 应对结构受力梁柱承受的负荷进行初步复核, 确保综合支架的设置安全。为了保证大型管道支架安装的安全合理和经济实用, 势必需要通过对这种大型联合支架进行受力分析, 合理选型以达到最佳的配置。

1. 联合支架荷载的计算

在联合支架中, 主要是用计算承担管道系统各方面的荷载。主要考虑垂直方向和水平方向的荷载。垂直荷载主要考虑管道和介质、支架及保温层等重力, 垂直于地面; 水平荷载为管道热应力和介质推力, 均沿管道轴线方向, 介质推力只有在管道有口径变化和盲端处才产生。实际施工过程中的联合支架的荷载可以简化分为两大部分: 垂直方向能承受管道及管道内介质重力和沿管道方向能承受管道波纹补偿器的变形反力和介质冲击力等力。

(1) 垂直荷载计算

大型管道的联合支架的计算间距暂按 4~6m 考虑 (一般两跨主梁的距离, 每个支架承重按 4~6m 的管线的重力计算)。

单个联合支架上的重力荷载确定:

1) 各类钢制管道

① 根据经验公式

$$G_1 = (D^2 - d^2) \times \pi \times \rho / 4$$

式中　G_1——管道重量, kg;

　　　　D——管道外径, m;

d——管道内径，m；

ρ——管道材质密度，kg/m^3。

也可以直接查询到不同材料的相关米重。其他管材参照各相应的标准选取。

② 管道中介质重量

$$G_2 = d^2 \times \pi \times \rho / 4$$

式中　G_2——介质重量，kg；

d——管道内径，m。

③ 各类管道保温，保温材料密度按约 $100kg/m^3$ 计。

计算方法：按设计管架间距的管道自重、满管介质质量、保温层及以上三项之合计算。

注：各联合支架间的管重均未计入阀部件重量，大型阀部件另外采取加强措施。

2）桥架、风管

桥架、风管米重计算公式

$$G = (a + b) \times 2 \times h \times \rho$$

式中　a——桥架或风管宽度，m；

b——高度，m；

h——板材厚度，m；

ρ——板材密度，kg/m^3。

考虑制造、安装等因素，垂直荷载用管架间距的重量荷载乘 1.2～1.4（保险系数）。

（2）水平荷载计算

水平荷载可以从波纹补偿器的技术参数里查出，并注意补偿器的盲端力。由于补偿器的形式不同，其产生的变形反力也不同，不考虑自然微补偿，只考虑波纹和套管式补偿器因变形产生的弹力。管道内的水压力产生的推力是在管道内的水压力的作用下，当管径发生变化会产生推力，该力一般在水泵的出口处重点考虑。管内水压力的作用，会在垂直于管道内壁面上形成冲击力，这个冲击力需要根据水流产生冲量进行计算考虑。一般非热力管道水平力主要考虑摩擦力产生的水平力，按照垂直荷载的 0.3 倍。

2. 联合支架的受力分析

运用《钢结构设计规范》GB 50017—2017 相应公式进行校核（以下简称《规范》），主要从以下几个方面进行联合支架的受力分析、选型和校验。

（1）竖杆的选型计算和校核

主要针对支架受到管道及管内介质和保温层的重力引起的拉力或压力可能将支架拉断或压断的情况，要求所选定的型钢在最大的受拉力或受压力 $[n_{max}]$ 下，选用最小横截面的型钢满足强度和稳定性的要求。

支架拉杆或压杆按轴心受拉或受压构件计算，并考虑了一定的腐蚀余量，竖杆净面积按《规范》式（5.1.1）

$$A_n \geqslant 1.5n / 0.85f$$

式中　A_n——吊杆净截面积，mm^2；

n——吊杆拉力设计值，N；

f——钢材强度设计值，N/mm^2。

根据计算得出 A_n，对照型钢参数表选用相应的型钢作为拉杆或压杆，然后对强度和稳定性进行校核。

（2）横梁的选型计算和校核

主要针对竖向荷载可能引起下端横梁因受剪力断裂和弯矩的变形的问题，要求所选定的型钢在受拉压力 M_x 下，选用最小横截面的型钢满足其强度要求。

横梁的选型计算，根据《规范》式（4.4.1）

$$1.5M_x/W_x \leqslant 0.85f$$

式中　W_x——截面抵抗矩，mm^3；

f——型钢的抗弯强度设计值，N/mm^2；

M_x——横梁上的最大弯矩。

根据计算得出的 W_x（一般考虑安全系数1.3，进行）对照型钢参数表，选用合适的型钢，再进行横梁的强度校核正应力和剪应力。

3. 联合支架膨胀螺栓的选择

单腿固定为4个膨胀螺栓，按平均受力计算：$F_X = F_{max}/4$，其中 F_{max} 为单个支腿的最大受力，螺栓承受力考虑安全系数2，螺栓参照《室内管道支吊架》09N4、《室内管道支架和吊架》03S402 相关数据进行计算选型（表3.5-8、表3.5-9）。

膨胀螺栓受力性能（一）　　　　　　　　　　　表 3.5-8

螺栓规格 （mm）	钻孔尺寸(mm)		受力性能(kg)	
	直径	深度	允许拉力	允许剪力
M6	10.5	40	240	180
M8	12.5	50	440	330
M10	14.5	60	700	520
M12	19	75	1030	740
M16	23	100	1940	1440

注：表列数据系按锚固基体为强度等级大于C15混凝土。

膨胀螺栓受力性能（二）　　　　　　　　　　　表 3.5-9

螺栓规格 （mm）	埋深 （mm）	不同基(砌)体时的受力性能(kg)							
		锚固在 MU7.5 砖砌体上				锚固在 C15 混凝土上			
		拉力		剪力		拉力		剪力	
		允许值	极限值	允许值	极限值	允许值	极限值	允许值	极限值
M6×55	35	100	305	70	200	245	610	80	200
M8×70	45	225	675	105	319	540	1350	150	375
M10×85	55	390	1175	165	500	940	2350	235	588
M12×105	65	440	1325	245	734	1060	2650	345	863
M16×140	90	500	1500	460	1380	1250	3100	650	1625

4. 联合支架的稳定性校验

支架的失稳状态主要是由于受到支架平面内和管轴方向的外力，造成支架整体倒塌。一般情况下应考虑的管道外力有：管道与支架的摩擦力、管道热应力和水力冲击力。

（1）摩擦力

$$f_摩 = \mu \times q \times l$$

式中　μ——摩擦系数，一般取 0.3；

　　　q——单位管长的重量，kgf/m；

　　　l——等于热力管长，m。

（2）管道热力应力计算：

1）补偿器弹性力

$$p_{d1} = k \times \delta_l$$

式中　k——刚度，kg/mm；

　　　δ_l——轴向补偿量，mm。

刚度查补偿器参数表；轴向补偿量：$0.012 \times (t_{工作温度} - t_{环境温度}) \times l$（$l$ 等于热力管道长度，室内补偿器设置距离按 30m 考虑）。

2）盲端推力

$$p_盲 = p \times 10 \times (a_1 - 0.7a_2)$$

式中　p——管道介质的静压力，MPa；

　a_1、a_2——补偿器的有效面积，m²；

（3）水力冲击力

$$f_冲 = \rho_水 \times s \times v$$

式中　$\rho_水$——水密度，kg/m³；

　　　s——管道过水截面积，m²；

　　　v——水流流速，m/s，一般为水泵启泵流速。

总体来说，支架承受的水平力主要由管道与支架的摩擦力、管道热应力和水力冲击力构成，按照上述公式进行计算，增加合适的反向支架、补偿器、自然补偿来减小水平推力对支架的破坏。利用受力分析软件进行模拟计算校核出具支吊架受力计算书。

常用受力计算软件使用，如 Magi CAD、建模大师、solidworks、Midas 等。软件已经内置相关规范及数据库，可以更便捷地进行计算（图 3.5-4）。

利用现场施工经验进行校核。大型机房联合支架选型考虑多方不稳定因素，选型较计算偏一至两号保守选择。

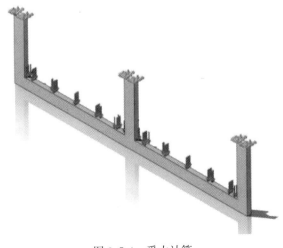

图 3.5-4　受力计算

3.5.5　机房支架设置的其他要求

（1）组合支架立柱主要布置在机房通道两侧、水泵组及冷水机组等设备出水口两侧、成排主管道经过的两侧。大型机房的支架设置首先考虑本层柱、楼板承重，支架立柱尽量设置在下层楼板的结构梁及井字梁上方区域，组合支架设置方案确定后，需设计进行机房结构楼板承重二次复核。如所设置的支架需在机房上层的梁及楼板承重，需进行受力验算。

（2）支架横梁通过螺栓与支架立柱上预留的支架连接钢板组合连接。支架连接钢板内外满焊于支架立柱上，支架连接钢板及支架横担两端预留 4 个位置相同的螺栓孔。支架连接钢板通过螺栓固定，紧贴于支架横梁竖向平整的型钢面。

（3）支架立柱支脚端焊接钢板，通过膨胀螺栓固定在结构楼板上。支架主横梁就近延伸，延伸段端面焊接钢板，通过膨胀螺栓固定在附近的结构梁、柱上。

（4）满足机房内空间要求及降低材料消耗，支架高度范围控制应满足检修空间，同时保证美观。

（5）在水泵、换热器等设备上安装较重的阀门时，应设单独设置支架。

（6）做好支架防腐，与地板基础连接牢固、平稳、接触紧密。机房管道支架底部做防水台防止支架锈蚀，延长支架寿命。

（7）有温度管道与设备接口处设置落地支架，中间用两片法兰夹住一块橡胶，起绝热和隔振的作用。成排支架要排列整齐。

3.6　编码设计

3.6.1　编码设计说明

预制管道的编码，主要用于管道的预制加工和现场装配，因此理论上在不同时期就会有不同的编码，编码的制定也要借鉴原系统设计。设备的编码基本遵循原设计，只需要后缀设备序号。例如常见的 LQB-1，指的是 1 号冷却循环水泵，LJ-1 是指 1 号制冷机。在系统设计编码中，冷水供水都是针对系统末端，而不是冷机，值得注意的是，冷却供水没有明确是进冷机还是出冷机。

在编码设计过程中，要明白预制机房构成要素序列。元件，构件，部件，模组是预制机房的组成四阶序列。

元件是最基本的构成要素，例如管道、法兰、弯头。

构件是元件的集合，是部件的组成部分，构件至少在一个端口处未焊接法兰，构件的编码服务于预制加工，特别在下料组对发过程中意义重大。

部件是构件的集合，是模组的组成部分，构件也可成独立安装单元。构件的端口处理论上必须是法兰接口，现场预留焊接的除外。构件编码是服务于加工与安装环节，是现场装配最重要的依据。

模组是预制装配最终的体现方式之一，表现为高度集成，便于现场安装。

3.6.2　编码案例

编码案例见图 3.6-1～图 3.6-4。

本段名称	接:编号	接管管径	安装分区	制造商
LDG-1	LG-LDG-1	200	冷机前	西北
	LX-LDG-1	350		西北
	LDG-2	450		西北
	法兰盲板	450		西北
LDG-2	LDG-1	450	冷机前	西北
	LX-LDG-2	350		西北
	双偏心半球阀-LDG-3	450		西北
LDG-3	双偏心半球阀-LDG-2	450		西北
	双偏心半球阀-LQG-B3+1	300		西北
	LDG-4	450		西北
LDH-1	双偏心半球阀-LDH-3	450	泵组	西北
	除污器前蝶阀	450		西北
	集水器前蝶阀	450		西北
LDH-2	双偏心半球阀-LDH-3	450	泵组	西北
	除污器	450		西北
LDH-3	能量表-LDH-4	450	泵组	西北
	双偏心半球阀-LDH-2	450		西北
	双偏心半球阀-LDH-1	450		西北
LDH-5	LDH-6A	450	吊装孔	西北
	止回阀-LDH-12	400		西北
	蝶阀-LDH-4	450		西北
LDH-6A	LDH-7	450	泵组	西北
	LDH-5	450		西北
LDH-6B	LDH-11	450	泵组	西北
	LDH-10	450		西北
LDH-7	LDH-6A	450	泵组	西北
	LDH-8	450		西北
	双偏心半球阀	300		西北
LDH-8	盲板	450	泵组	西北
	双偏心半球阀	200		西北
	LDH-8+1	300		西北
	LDH-7	450		西北

图 3.6-1 北京 88 项目编码表

(1) 编码采用: 系统+字母+方向+数字+(预留),
如LQG-B3+1代表冷却供水-螺杆机-B3+1段
(2) 每个预制管道的法兰端部均张贴了标识,
标明其本段名称+连接管段名称。

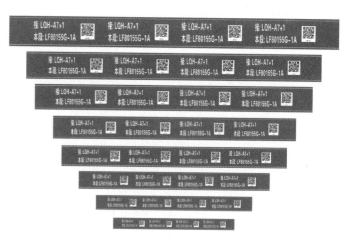

图 3.6-2　北京 88 项目编码标签

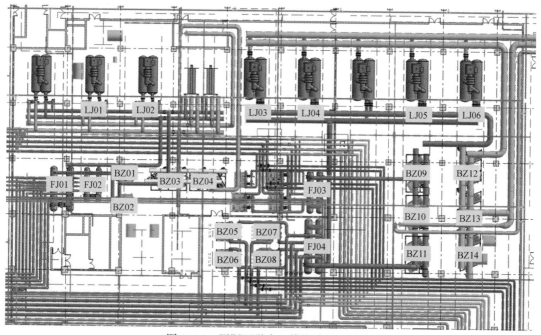

图 3.6-3　国际医学中心模块编码及就位

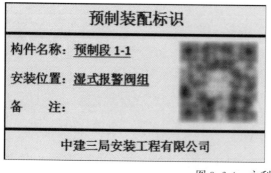

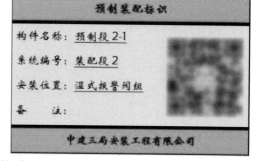

图 3.6-4　永利机房编码标签

3.7 设备基础深化设计

3.7.1 设备基础深化注意事项

在所有管线模块深化设计完成后方可进行设备基础的深化。设备位置受管线路由、模块尺寸形式、设备尺寸大小等多种细节因素影响，而在现实施工中，基础及排水沟的施工要提前完成，与设计流程恰恰相反，因而，深化设计工作要在土建施工前全部完成，以免后期来回调整更改，影响后续设计及施工。基础图纸上要清晰地标注基础的尺寸大小、高度、高度标注所参照的完成面以及必要的设计说明。

3.7.2 设备基础形式

确定基础形式：根据现场情况，综合考虑排水等因素，选择条形基础、板式基础、型钢基础等不同的形式（图3.7-1～图3.7-3）。

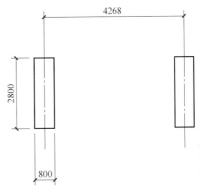

图3.7-1 条形基础

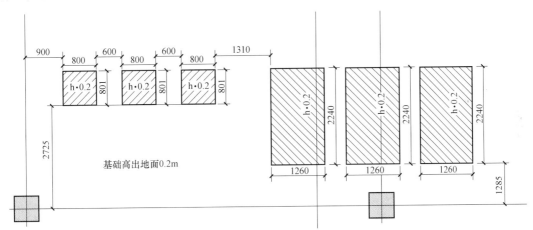

图3.7-2 板式基础

3.7.3 设备基础尺寸

确定基础尺寸：单独设备的尺寸大小或模块落地大小，或管道、支架等组件的落地面大小，在此尺寸的基础上四周增加100～200mm，高度一般为100～300mm（大型设备200～300mm，小型设备100～200mm均可）单独设备基础尺寸，以厂家提供的设备基础图为准。

确定预埋螺栓孔位置：根据设备厂家提供图纸（图3.7-4、图3.7-5）。

根据现行国家标准《通风与空调工程施工规范》GB 50738第10.10.2条，冷热源与辅助设备的基础安装允许偏差应符合表3.7-1。

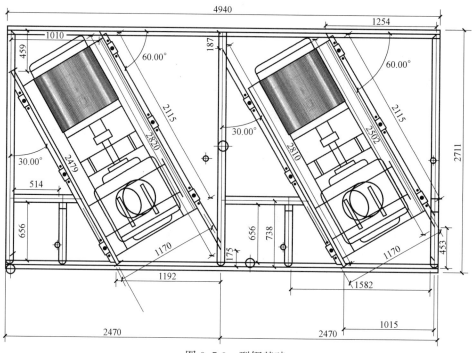

图 3.7-3　型钢基础

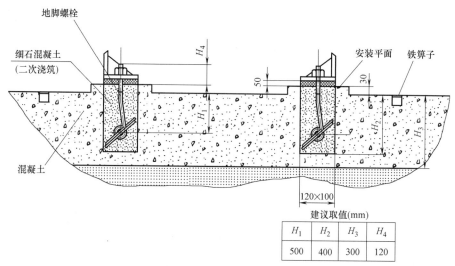

建议取值(mm)

H_1	H_2	H_3	H_4
500	400	300	120

图 3.7-4　地脚螺栓孔详图

设备基础的允许偏差和检验方法　　　　　　　　　　　　表 3.7-1

序号	项目	允许偏差(mm)	检验方法
1	基础坐标位置	20	经纬仪、拉线、尺量
2	基础各不同平面的标高	0,−20	水准仪、拉线、尺量
3	基础平面外形尺寸	20	尺量检查
4	凸台上平面尺寸	0,−20	
5	凹穴尺寸	+20,0	

续表

序号	项目		允许偏差(mm)	检验方法
6	基础上平面水平度	每米	5	水平仪(水平尺)和楔形塞尺检查
		全长	10	
7	竖向偏差	每米	5	经纬仪、吊线、尺量
		全高	10	
8	预埋地脚螺栓	标高(顶端)	+20.0	水准仪、拉线、尺量
		中心距(根部)	2	

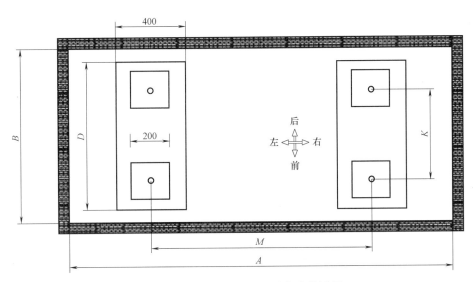

图 3.7-5　设备基础施工及设备安装详图

注：图中：A、B、D、K、M 尺寸由设计确定。

3.8　排水深化设计

1. 设备机房排水特点和排水注意事项

排水量差异大，排水随机性大，无一定规律，如水箱因控制失灵，造成事故溢水，机房内设备检修时需排水，水箱清洗时需排污水；排水方式视机房位置确定。机房布置在地下室时，无法自流排出时，设集水井、潜水泵，压力排放。收集废水通常采用明沟。

2. 设备机房排水注意事项

（1）重视排水设施的通水能力。排水沟的断面尺寸，排水管径，包括预埋管尺寸，集水坑的容积，排水泵都需要计算。

（2）对地下排水泵，需有可靠电源，设双回路供电方式。

（3）地上机房，如设在高层建筑中的技术层设备机房，需注意机房地面的防水，设排水沟最好由建筑填层做出。如由结构做明沟，在穿梁或剪力墙部位，排水断面不能随意缩小。排水横管的管径、坡度、充满度和立管、排出管均应满足机房最大排水量要求。

3.8.1 机房排水沟布置原则

室内排水沟深化设计参照《C窗井、设备吊装口、排水沟、集水坑》07J306的相关要求进行布置。排水沟内需做0.5%的纵向找坡，沟内最浅处不得低于150mm。

排水沟的深化设计一般在设备基础深化完成后进行，根据设备基础的位置、形式、尺寸、设备排水点、集水坑等进行综合考虑进行布置，排水沟按照设计及规范要求的坡度就近放坡，路由不宜过长。排水沟具体做法以设计院图纸中的土建做法为准。

3.8.2 机房排水的一般形式

机房的排水有很多种形式，一般主要以机房排水沟为主。设备四周可做压槽等导流槽，周围散水可按规范自留坡度进行有组织排水。在预制机房整体设计过程中，对排水沟的设计也进行了创新设计，比如有组织全方位排水设计：即指对机房所有漏水点排水点进行分析（机组、泵组、集分水器等），设计由设备基础四周沟槽排水、基础间隙、排水沟等形成的网状系统排水（图3.8-1～图3.8-3）。

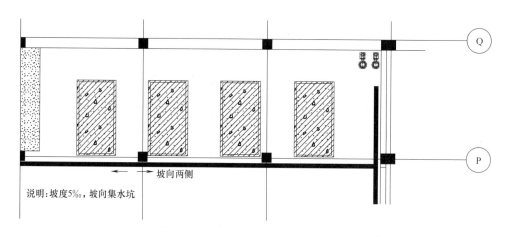

图3.8-1 排水沟常规形式

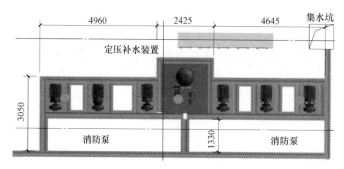

图3.8-2 全方位排水形式

图3.8-3 全方位排水现场实景图

第4章 加 工

4.1 加工前准备

首先，要制定符合项目建造特征的施工现场集成进度计划。主要包括项目所有工序集成计划，穿插作业计划等，明确建造各责任方的时间节点、控制要求与紧邻工作安排等，并将该计划张贴于项目联合作战室，以作监督之用。

其次，要做好工作面的移交。在施工现场设置大量工艺流程展示看板，按照施工进度计划和接口要求进行，明确各工序质量标准以及工作面移交标准等。

最后，要做好建造过程中的质量控制。这也是质量管理倡导的"过程精品"的质量管理内涵。做好施工各环节的质量把控，在施工现场设置质量问题曝光板，并采取相应的奖罚措施，提高一次成优率。事实证明"零返工"就是对项目工期最大的贡献，也是对成本最大的节约。

4.2 劳务组织

无论是预制装配机房还是现场施工，劳务的选择至关重要，特别是在预制装配方面，由于现场装配时不能像现场施工那样随时整改，劳务的施工水平对预制效果的影响非常大。

劳务的选择，首先应选择有丰富机房施工经验的劳务队伍，确保在预制生产过程中，能清晰、明了地理解设计意图，在预制过程中能及时发现问题，以及提前预判现场装配过程中可能会遇到的问题；其次，劳务队伍应具备数量足够的、稳定的、技术操作能力强的焊工和管工，确保预制过程中，工件的标准性、一致性和焊接可靠性。最后，劳务队伍需要有充足的资金储备，确保生产过程中劳务工资、辅材采购等的资金支出。

一般制冷机房的预制，劳务工人数量基本为 15 人左右，不宜过多或过少。过多的劳务会造成成本增加，可能出现工作量不饱满，工人工作效率降低的问题；过少的劳务会使预制生产周期变长，积压大量预制工作，过多的加班也会造成工作效率的下降和施工安全风险的上升。一个作业班组的常规配置为 1 个带班，3 个管工配 3 个小工（分 3 组进行工件组对），5 个焊工进行焊接作业，3 个小工机动作业（配合焊工，除锈、搬运等）。

4.3 材料组织与计划

基于设计阶段对系统的复核计算，锁定设备技术参数，实现对相应设备、阀门等系统重要组成部件的精准选型，进而确保采购需求计划的精确，发挥源头把控作用。在此基础上，着重做好以下三方面的工作：

（1）采购责任主体的确定。要求项目采购负责人，根据界面范围，将预制装配机房中所涉及设备、材料一并纳入整体的采购计划当中；然后进行分类标示，明确哪些是甲供材，哪些属于乙方采购，哪些属于劳务采购的辅材，进而划分为三类材料计划，下发至各个责任主体确认。

（2）采购时间的确定。根据项目总体集成策划与设计方案内容，明确各类材料的进场时间。过程中的监督与进场验收。着重关注两类产品的过程监督与进场验收：一是首次合作厂家，对其生产周期与产品标准不熟悉的供应商，尤其要做好过程中的监造管理与进场验收标准的把控；二是因方案创新设计，需要定制的非标类产品，或者行业内不常用的产品，必要时委派产品设计人员驻场监造，避免不必要的过程修正与调整。

4.4 材料测量与验收

材料到厂后，要按照要求进行进场的检测与验收，材料分为管材、型材等原材料，管件、法兰、阀门等管道附件材料，以及施工的辅材。材料验收所使用的仪器见表4.4-1。

材料验收所使用的仪器　　　　表4.4-1

序号	名称	图片	用途
1	游标卡尺		用于厚度测量
2	螺旋测微器		用于厚度测量
3	卷尺		用于长度测量

续表

序号	名称	图片	用途
4	直角靠尺	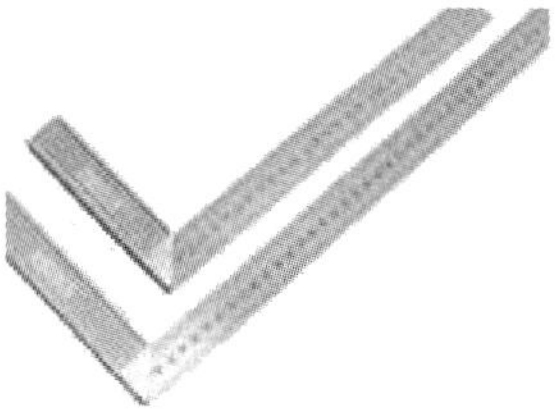	用于角度测量
5	电子吊秤		用于重量测量

4.4.1 原材料验收

制冷机房预制的主要原材料为无缝钢管、螺旋缝钢管以及各种型钢，验收工具为游标卡尺、螺旋测微器、卷尺、电子吊秤。

1. 无缝钢管的测量验收

要按照国家标准《输送流体用无缝钢管》GB/T 8163—2018执行，见表4.4-2～表4.4-5。

钢管的外径允许偏差（mm）   表 4.4-2

钢管种类	外径允许偏差
热轧(扩)钢管	±1%D 或±0.5,取其中较大者
冷拔(轧)钢管	±0.75%D 或±0.3,取其中较大者

热轧（扩）钢管壁厚允许偏差（mm）   表 4.4-3

钢管种类	钢管公称外径 D	S/D	壁厚允许偏差
热轧钢管	≤102	—	±12.5%S 或±0.4,取其中较大者
	>102	≤0.05	±15%S 或±0.4,取其中较大者
		>0.05～0.10	±12.5%S 或±0.4,取其中较大者
		>0.10	+12.5%S −10%S
热扩钢管	—		+17.5%S −12.5%S

无缝钢管的测量验收，通常情况下，无缝钢管壁厚为标准的上偏差，验收时要注意核对和重新称重。

冷拔（轧）钢管壁厚允许偏差（mm）　　　　　　　表 4.4-4

钢管种类	钢管公称壁厚 S	允许偏差
冷拔（轧）	≤3	$+15\%S$ 或 ±0.15,取其中较大者 $-10\%S$
	>3～10	$+12.5\%S$ $-10\%S$
	>10	$\pm10\%S$

钢管的弯曲率　　　　　　　　　　　　　　　表 4.4-5

钢管公称壁厚 S(mm)	每米弯曲度(mm/m)
≤15	≤1.5
>15～30	≤2.0
>30 或 D≥351	≤3.0

2. 螺旋缝钢管的验收

要按照《普通流体输送管道用埋弧焊钢管》SY/T 5037—2018 执行，见表 4.4-6、表 4.4-7。

钢管外径偏差（mm）　　　　　　　　　　　　表 4.4-6

公称外径 D	允许偏差[a]	
	管体	管端[b]
219.1<D≤610	$\pm1.0\%D$	$\pm0.75\%D$ 或 ±2.5,取小值
610<D≤1422	$\pm0.75\%D$	$\pm0.50\%D$ 或 ±3.5,取小值
D>1422	依照协议	

a　钢管外径偏差换算为周长后，可修约到最邻近的 1mm。
b　管端为距钢管端部 100mm 范围内的钢管。

钢管壁厚偏差（mm）　　　　　　　　　　　　表 4.4-7

公称壁厚 t	t≤5.0	5.0<t≤15.0	t>15.0
偏差	±0.5	$\pm10.0\%t$	±1.5

（1）不圆度

在管端 100mm 长度范围内，管径不大于 1422mm 时，钢管不圆度不大于 2%；管径大于 1422mm 时，供需双方应协商不圆度。应在不受外力状态下测量不圆度。采用能够测量最大和最小外径的卡尺、杆规或其他测量工具测量。

注：不圆度是钢管同一横截面上径向外径的不等程度，不圆度通常以钢管在同一横截面上最大实测外径与最小实测外径的差值，相对于外径（公称外径或实测外径平均值）的百分比表示。

（2）直度

钢管全长相对于直线的总偏离不应超过 0.002L（即 0.2%L）。可按图 4.4-1 的要求，从钢管侧表面平行于钢管轴线从一端至另一端拉一根细线或细钢丝，测量拉紧的线或丝至钢筋侧表面的最大距离。

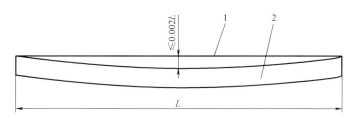

图 4.4-1 钢管全长直度测量
1—拉紧的线或钢丝；2—钢管

4.4.2 管件验收

1. 法兰验收

法兰一般为板式平焊钢制管法兰，根据项目图纸设计，常用压力等级为 $PN10$、$PN16$ 和 $PN25$，测量验收重点为法兰厚度，见图 4.4-2、表 4.4-8～表 4.4-10。

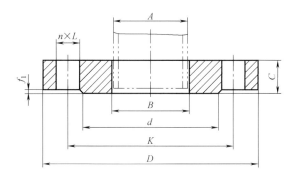

图 4.4-2 突面（RF）板式平焊钢制管法兰

PN10 板式平焊钢制管法兰   表 4.4-8

公称尺寸 DN	钢管外径 A(mm)		连接尺寸					法兰厚度 C (mm)	密封面		法兰内径 B(mm)	
			法兰外径 D (mm)	螺栓孔中心圆直径 K(mm)	螺栓孔直径 L (mm)	螺栓			d (mm)	f_1 (mm)		
	系列Ⅰ	系列Ⅱ				数量 n(个)	螺纹规格				系列Ⅰ	系列Ⅱ
10	17.2	14	90	60	14	4	M12	14	40	2	18.0	15
15	21.3	18	95	65	14	4	M12	14	45	2	22.0	19
20	26.9	25	105	75	14	4	M12	16	58	2	27.5	26
25	33.7	32	115	85	14	4	M12	16	68	2	34.5	33
32	42.4	38	140	100	18	4	M16	18	78	2	43.5	39
40	48.3	45	160	110	18	4	M16	18	88	2	49.5	46
50	60.3	57	165	125	18	4	M16	20	102	3	61.5	59
65	73.0	76	185	145	18	8	M16	20	122	3	75.0	78
80	88.9	89	200	160	18	8	M16	20	138	3	90.5	91
100	114.3	108	220	180	18	8	M16	22	158	3	116.0	110
125	141.3	133	250	210	18	8	M16	22	188	3	143.5	135

公称尺寸 DN	钢管外径 A(mm)		连接尺寸					法兰厚度 C (mm)	密封面		法兰内径 B(mm)	
			法兰外径 D (mm)	螺栓孔中心圆直径 K(mm)	螺栓孔直径 L (mm)	螺栓						
	系列Ⅰ	系列Ⅱ				数量 n(个)	螺纹规格		d (mm)	f_1 (mm)	系列Ⅰ	系列Ⅱ
150	168.3	159	285	240	22	8	M20	24	212	3	170.5	161
200	219.1	219	340	295	22	8	M20	24	268	3	221.5	222
250	273.0	273	395	350	22	12	M20	26	320	3	276.5	276
300	323.9	325	445	400	22	12	M20	26	370	4	327.5	328
350	355.6	377	505	460	22	16	M20	30	430	4	359.5	381
400	406.4	426	565	515	26	16	M24	32	482	4	411.0	430
450	457	480	615	565	26	20	M24	36	532	4	462.0	485
500	508	530	670	620	26	20	M24	38	585	4	513.5	535
600	610	630	780	725	30	20	M27	42	685	5	616.5	636
700	711	720	895	840	30	24	M27	50	800	5	715	24
800	813	820	1015	950	33	24	M30	56	905	5	817	824

PN16 板式平焊钢制管法兰　　　　　　　　　表 4.4-9

公称尺寸 DN	钢管外径 A(mm)		连接尺寸					法兰厚度 C (mm)	密封面		法兰内径 B(mm)	
			法兰外径 D (mm)	螺栓孔中心圆直径 K(mm)	螺栓孔直径 L (mm)	螺栓						
	系列Ⅰ	系列Ⅱ				数量 n(个)	螺纹规格		d (mm)	f_1 (mm)	系列Ⅰ	系列Ⅱ
10	17.2	14	90	60	14	4	M12	14	40	2	18.0	15
15	21.3	18	95	65	14	4	M12	14	45	2	22.0	19
20	26.9	25	105	75	14	4	M12	16	58	2	27.5	26
25	33.7	32	115	85	14	4	M12	16	68	2	34.5	33
32	42.4	38	140	100	18	4	M16	18	78	2	43.5	39
40	48.3	45	150	110	18	4	M16	18	88	3	49.5	46
50	60.3	57	165	125	18	4	M16	20	102	3	61.5	59
65	73.0	76	185	145	18	8	M16	20	122	3	75.0	78
80	88.9	89	200	160	18	8	M16	20	138	3	90.0	91
100	114.3	108	220	180	18	8	M16	22	158	3	116.0	110
125	141.3	133	250	210	18	8	M16	22	188	3	143.5	135
150	168.3	159	285	240	22	8	M20	24	212	3	170.5	161
200	219.1	219	340	295	22	12	M20	26	268	3	221.5	222
250	273.0	273	405	355	26	12	M24	29	320	3	276.5	276
300	323.9	325	460	410	26	12	M24	32	378	4	327.5	328
350	355.6	377	520	470	26	16	M24	35	438	4	359.5	381

续表

公称尺寸 DN	钢管外径 A(mm)		连接尺寸					法兰厚度 C (mm)	密封面		法兰内径 B(mm)	
			法兰外径 D (mm)	螺栓孔中心圆直径 K(mm)	螺栓孔直径 L (mm)	螺栓						
	系列Ⅰ	系列Ⅱ				数量 n(个)	螺纹规格		d (mm)	f_1 (mm)	系列Ⅰ	系列Ⅱ
400	406.4	426	580	525	30	16	M27	38	490	4	411.0	430
450	457	480	640	585	30	20	M27	42	550	4	462.0	485
500	508	530	715	650	33	20	M30	46	610	4	513.5	535
600	610	620	840	770	36	20	M33	55	725	5	616.5	636
700	711	720	910	840	36	24	M33	63	795	5	715	724
800	813	820	1025	950	39	24	M36	74	900	5	817	824

PN25 板式平焊钢制管法兰　　　　　　　　表 4.4-10

公称尺寸 DN	钢管外径 A(mm)		连接尺寸					法兰厚度 C (mm)	密封面		法兰内径 B(mm)	
			法兰外径 D (mm)	螺栓孔中心圆直径 K(mm)	螺栓孔直径 L (mm)	螺栓						
	系列Ⅰ	系列Ⅱ				数量 n(个)	螺纹规格		d (mm)	f_1 (mm)	系列Ⅰ	系列Ⅱ
10	17.2	14	90	60	14	4	M12	14	40	2	18.0	15
15	21.3	18	95	65	14	4	M12	14	45	2	22.0	19
20	26.9	25	105	75	14	4	M12	16	58	2	27.5	26
25	33.7	32	115	85	14	4	M12	16	68	2	34.5	33
32	42.4	38	140	100	18	4	M16	18	78	2	43.5	39
40	48.3	45	150	110	18	4	M16	18	88	3	49.5	46
50	60.3	57	165	125	18	4	M16	20	102	3	61.5	59
65	73.0	76	185	145	18	8	M16	22	122	3	75.0	78
80	88.9	89	200	160	18	8	M16	24	138	3	90.5	91
100	114.3	108	235	190	22	8	M20	26	162	3	116.0	110
125	141.3	133	270	220	26	8	M24	28	188	3	143.5	135
150	168.3	159	300	250	26	8	M24	30	218	3	170.5	161
200	219.1	219	360	310	26	12	M24	32	278	3	221.5	222
250	273.0	273	425	370	30	12	M27	35	335	3	276.5	276
300	323.9	325	485	430	30	16	M27	38	395	4	327.5	328
350	355.6	377	555	490	33	16	M30	42	450	4	359.5	381
400	406.4	426	620	650	36	16	M33	48	505	4	411.0	430
450	457	480	670	600	36	20	M33	54	555	4	462.0	485
500	508	520	730	660	36	20	M33	58	615	4	513.5	535
600	610	630	845	770	39	20	M36	68	720	5	616.5	636
700	711	720	960	875	42	24	M39	85	820	5	715	724
800	813	820	1085	990	48	24	M45	95	930	5	817	824

注：公称尺寸 DN10～DN150 的法兰使用 PN40 法兰的尺寸。

2. 管件验收

机房预制管件，主要为45°弯头、90°弯头、90°变径弯头、同心变径、偏心变径、管帽等。弯头验收的关键点在于角度的测量，不合格的弯头会导致工件组对的误差过大、焊缝过大，易漏水，增加人工修正的工作量和难度（图4.4-3）。

（1）长半径弯头验收

见图4.4-4、表4.4-11。

图4.4-3 不合格弯头示例

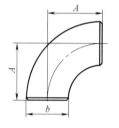

图4.4-4 长半径90°和45°弯头

长半径90°和45°弯头尺寸　　　　　　　　　　　　　　表4.4-11

公称尺寸		坡口处外径 D(mm)		中心至端面	
DN	NPS	Ⅰ系列	Ⅱ系列	90°弯头 A(mm)	45°弯头 B(mm)
15	1/2	21.3	18	38	16
20	3/4	26.9	25	38	19
25	1	33.7	32	38	22
32	1¼	42.4	38	48	25
40	1½	48.3	45	57	29
50	2	60.3	57	76	35
65	2½	73.0	76	95	44
80	3	88.9	89	114	51
90	3½	101.6	—	133	57
100	4	114.3	108	152	64
125	5	141.3	133	190	79
150	6	168.3	159	229	95
200	8	219.1	219	305	127
250	10	273.0	273	381	159
300	12	323.9	325	457	190
350	14	355.6	377	533	222
400	16	406.4	426	610	254
450	18	457	480	686	286

续表

公称尺寸		坡口处外径 D(mm)		中心至端面	
DN	NPS	Ⅰ系列	Ⅱ系列	90°弯头 A(mm)	45°弯头 B(mm)
500	20	508	530	762	318
550	22	559	—	838	343
600	24	610	630	914	381
650	26	660	—	991	406
700	28	711	720	1067	438
750	30	762	—	1143	470
800	32	813	820	1219	502
850	34	864	—	1295	533
900	36	914	—	1372	565
950	38	965	—	1448	600
1000	40	1016	—	1524	632
1050	42	1067	—	1600	660
1100	44	1118	—	1676	695
1150	46	1168	—	1753	727
1200	48	1219	—	1829	759
1300	52	1321	—	1981	821
1400	56	1422	—	2134	884
1500	60	1524	—	2286	947

（2）长半径异径弯头验收

见图 4.4-5、表 4.4-12。

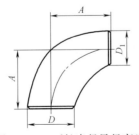

图 4.4-5　90°长半径异径弯头

90°长半径异径弯头尺寸　　　　　　　　　　　　表 4.4-12

公称尺寸		坡口处外径				中心至端面 A(mm)
		大端 D(mm)		小端 D_1(mm)		
DN	NPS	Ⅰ系列	Ⅱ系列	Ⅰ系列	Ⅱ系列	
50×40	2×1½	60.3	57	48.3	45	76
50×32	2×1¼	60.3	57	42.4	38	76

公称尺寸		坡口处外径				中心至端面 A(mm)
		大端 D(mm)		小端 D_1(mm)		
DN	NPS	Ⅰ系列	Ⅱ系列	Ⅰ系列	Ⅱ系列	
50×25	2×1	60.3	57	33.7	32	76
65×50	2½×2	73.0	76	60.3	57	95
65×40	2½×1½	73.0	76	48.3	45	95
65×32	2½×1¼	73.0	76	42.4	38	95
80×65	3×2½	88.9	89	73.0	76	114
80×50	3×2	88.9	89	60.3	57	114
80×40	3×1½	88.9	89	48.3	45	114
90×80	3½×3	101.6	—	88.9	—	133
90×65	3½×2½	101.6	—	73.0	—	133
90×50	3½×2	101.6	—	60.3	—	133
100×90	4×3½	114.3	—	101.6	—	152
100×80	4×3	114.3	108	88.9	89	152
100×65	4×2½	114.3	108	73.0	76	152
100×50	4×2	114.3	108	60.3	57	152
125×100	5×4	141.3	133	114.3	108	190
125×90	5×3½	141.3	—	101.6	—	190
125×80	5×3	141.3	133	88.9	89	190
125×65	5×2½	141.3	133	73.0	76	190
150×125	6×5	168.3	159	141.3	133	229
150×100	6×4	168.3	159	114.3	108	229
150×90	6×3½	168.3	—	101.6	—	229
150×80	6×3	168.3	159	88.9	89	229
200×150	8×6	219.1	219	168.3	159	305
200×125	8×5	219.1	219	141.3	133	305
200×100	8×4	219.1	219	114.3	108	305
250×200	10×8	273.0	273	219.1	219	381
250×150	10×6	273.0	273	168.3	159	381
250×125	10×5	273.0	273	141.3	133	381
300×250	12×10	323.9	325	273.0	273	457
300×200	12×8	323.9	325	219.1	219	457
300×150	12×6	323.9	325	168.3	159	457
350×300	14×12	355.6	377	323.9	325	533
350×250	14×10	355.6	377	273.0	273	533
350×200	14×8	355.6	377	219.1	219	533

续表

公称尺寸		坡口处外径				中心至端面 A（mm）
		大端 D（mm）		小端 D_1（mm）		
DN	NPS	Ⅰ系列	Ⅱ系列	Ⅰ系列	Ⅱ系列	
400×350	16×14	406.4	426	355.6	377	610
400×300	16×12	406.4	426	323.9	325	610
400×250	16×10	406.4	426	273.0	273	610
450×400	18×16	457	480	406.4	426	686
450×350	18×14	457	480	355.6	377	686
450×300	18×12	457	480	323.9	325	686
450×250	18×10	457	480	273.0	273	686
500×450	20×18	508	530	457	480	762
500×400	20×16	508	530	406.4	426	762
500×350	20×14	508	530	355.6	377	762
500×300	20×12	508	530	323.9	325	762
500×250	20×10	508	530	273.0	273	762
600×550	24×22	610	—	559	—	914
600×500	24×20	610	630	508	530	914
600×450	24×18	610	630	457	480	914
600×400	24×16	610	630	406.4	426	914
600×350	24×14	610	630	355.6	377	914
600×300	24×12	610	630	323.9	325	914

（3）短半径弯头验收

见图 4.4-6、表 4.4-13。

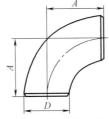

图 4.4-6 短半径 90°弯头

短半径 90°弯头尺寸　　　　　　　　表 4.4-13

公称尺寸		坡口处外径 D（mm）		中心至端面 A（mm）
DN	NPS	Ⅰ系列	Ⅱ系列	
25	1	33.7	32	25
32	1¼	42.4	38	32
40	1½	48.3	45	38

续表

公称尺寸		坡口处外径 D（mm）		中心至端面 A（mm）
DN	NPS	Ⅰ系列	Ⅱ系列	
50	2	60.3	57	51
65	2½	73.0	76	64
80	3	88.9	89	76
90	3½	101.6	—	89
100	4	114.3	108	102
125	5	141.3	133	127
150	6	168.3	159	152
200	8	219.1	219	203
250	10	273.0	273	254
300	12	323.9	325	305
350	14	355.6	377	356
400	16	406.4	426	406
450	18	457	480	457
500	20	508	530	508
550	22	559	—	559
600	24	610	630	610

（4）管帽验收

见图 4.4-7、表 4.4-14。

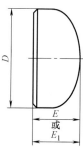

注：管帽的形状应为椭圆，并符合相应国家标准或行业标准中给定的形状要求。

图 4.4-7　管帽

管帽尺寸　　　　　　　　　　　　　　　　　　表 4.4-14

公称尺寸		坡口处外径 D（mm）		高度 E（mm）	高度为 E 时的极限壁厚（mm）	高度 E₁（mm）
DN	NPS	Ⅰ系列	Ⅱ系列			
15	1/2	21.3	18	25	4.57	25
20	3/4	26.9	25	25	3.81	25
25	1	33.7	32	38	4.57	38

续表

公称尺寸		坡口处外径 D（mm）		高度 E（mm）	高度为 E 时 的极限壁厚（mm）	高度 E_1（mm）
DN	NPS	Ⅰ系列	Ⅱ系列			
32	1¼	42.4	38	38	4.83	38
40	1½	48.3	45	38	5.08	38
50	2	60.3	57	38	5.59	44
65	2½	73.0	76	38	7.11	51
80	3	88.9	89	51	7.62	64
90	3½	101.6	—	64	8.13	76
100	4	114.3	108	64	8.64	76
125	5	141.3	133	76	9.65	89
150	6	168.3	159	89	10.92	102
200	8	219.1	219	102	12.70	127
250	10	273.0	273	127	12.70	152
300	12	323.9	325	152	12.70	178
350	14	355.6	377	165	12.70	191
400	16	406.4	426	178	12.70	203
450	18	457	480	203	12.70	229
500	20	508	530	229	12.70	254
550	22	559	—	254	12.70	254
600	24	610	630	267	12.70	305
650	26	660	—	267	—	—
700	28	711	720	267	—	—
750	30	762	—	267	—	—
800	32	813	820	267	—	—

（5）变径（大小头）验收

见图 4.4-8、表 4.4-15。

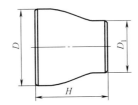 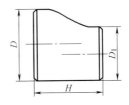

注：图示为钟形异径管，但不限制圆锥形异径管的使用。

图 4.4-8 异径管

异径管尺寸   表 4.4-15

公称尺寸		坡口处外径				端面至端面 H(mm)
		大端 D(mm)		小端 D₁(mm)		
DN	NPS	Ⅰ系列	Ⅱ系列	Ⅰ系列	Ⅱ系列	
20×15	3/4×1/2	26.9	25	21.3	18	38
20×10	3/4×3/8	26.9	25	17.2	14	38
25×20	1×3/4	33.7	32	26.9	25	51
25×15	1×1/2	33.7	32	21.3	18	51
32×25	1¼×1	42.4	38	33.7	32	51
32×20	1¼×3/4	42.4	38	26.9	25	51
32×15	1¼×1/2	42.4	38	21.3	18	51
40×32	1½×1¼	48.3	45	42.4	38	64
40×25	1½×1	48.3	45	33.7	32	64
40×20	1½×3/4	48.3	45	26.9	25	64
40×15	1½×1/2	48.3	45	21.3	18	64
50×40	2×1½	60.3	57	48.3	45	76
50×32	2×1¼	60.3	57	42.4	38	76
50×25	2×1	60.3	57	33.7	32	76
50×20	2×3/4	60.3	57	26.9	25	76
65×50	2½×2	73.0	76	60.3	57	89
65×40	2½×1½	73.0	76	48.3	45	89
65×32	2½×1¼	73.0	76	42.4	38	89
65×25	2½×1	73.0	76	33.7	32	89
80×65	3×2½	88.9	89	73.0	76	89
80×50	3×2	88.9	89	60.3	57	89
80×40	3×1½	88.9	89	48.3	45	89
80×32	3×1¼	88.9	89	42.4	38	89
90×80	3½×3	101.6	—	88.9	—	102
90×65	3½×2½	101.6	—	73.0	—	102
90×50	3½×2	101.6	—	60.3	—	102
90×40	3½×1½	101.6	—	48.3	—	102
90×32	3½×1¼	101.6	—	42.4	—	102
100×90	4×3½	114.3	—	101.6	—	102
100×80	4×3	114.3	108	88.9	89	102
100×65	4×2½	114.3	108	73.0	76	102
100×50	4×2	114.3	108	60.3	57	102
100×40	4×1½	114.3	108	48.3	45	102
125×100	5×4	141.3	133	114.3	108	127

续表

公称尺寸		坡口处外径				端面至端面 H(mm)
		大端 D(mm)		小端 D_1(mm)		
DN	NPS	Ⅰ系列	Ⅱ系列	Ⅰ系列	Ⅱ系列	
125×90	5×3½	141.3	—	101.6	—	127
125×80	5×3	141.3	133	88.9	89	127
125×65	5×2½	141.3	133	73.0	76	127
125×50	5×2	141.3	133	60.3	57	127
150×125	6×5	168.3	159	141.3	133	140
150×100	6×4	168.3	159	114.3	108	140
150×90	6×3½	168.3	—	101.6	—	140
150×80	6×3	168.3	159	88.9	89	140
150×65	6×2½	168.3	159	73.0	76	140
200×150	8×6	219.1	219	168.3	159	152
200×125	8×5	219.1	219	141.3	133	152
200×100	8×4	219.1	219	114.3	108	152
200×90	8×3½	219.1	—	101.6	—	152
250×200	10×8	273.0	273	219.1	219	178
250×150	10×6	273.0	273	168.3	159	178
250×125	10×5	273.0	273	141.3	133	178
250×100	10×4	273.0	273	114.3	108	178
300×250	12×10	323.9	325	273.0	273	203
300×200	12×8	323.9	325	219.1	219	203
300×150	12×6	323.9	325	168.3	159	203
300×125	12×5	323.9	325	141.3	133	203
350×300	14×12	355.6	377	323.9	325	330
350×250	14×10	355.6	377	273.0	273	330
350×200	14×8	355.6	377	219.1	219	330
350×150	14×6	355.6	377	168.3	159	330
400×350	16×14	406.4	426	355.6	377	356
400×300	16×12	406.4	426	323.9	325	356
400×250	16×10	406.4	426	273.0	273	356
400×200	16×8	406.4	426	219.1	219	356
450×400	18×16	457	480	406.4	426	381
450×350	18×14	457	480	355.6	377	381
450×300	18×12	457	480	323.9	325	381
450×250	18×10	457	480	273.0	273	381
500×450	20×18	508	530	457	480	508

公称尺寸		坡口处外径				端面至端面 H(mm)
		大端 D(mm)		小端 D_1(mm)		
DN	NPS	Ⅰ系列	Ⅱ系列	Ⅰ系列	Ⅱ系列	
500×400	20×16	508	530	406.4	426	508
500×350	20×14	508	530	355.6	377	508
500×300	20×12	508	530	323.9	325	508
550×500	22×20	559	—	508	—	508
550×450	22×18	559	—	457	—	508
550×400	22×16	559	—	406.4	—	508
550×350	22×14	559	—	355.6	—	508
600×550	24×22	610	—	559	—	508
600×500	24×20	610	630	508	530	508
600×450	24×18	610	630	457	480	508
600×400	24×16	610	630	406.4	426	508
650×600	26×24	660	—	610	—	610
650×550	26×22	660	—	559	—	610
650×500	26×20	660	—	508	—	610
650×450	26×18	660	—	457	—	610
700×650	28×26	711	—	660	—	610
700×600	28×24	711	720	610	630	610
700×550	28×22	711	—	559	—	610
700×500	28×20	711	720	508	530	610
750×700	30×28	762	—	711	—	610

4.5 预制加工规定要求

（1）一般规定

生产加工的人员持有相应技能操作证书，并定期培训。

生产单位应具备保证产品质量要求的生产工艺设施、试验检测设备。

加工生产宜采用先进的自动化加工设备，满足经济性和质量要求。

生产单位具备检测、试验、计量等设备及仪器仪表均应检定合格，并应在有效期内使用。

生产材料应符合设计规定，并具有出厂合格证明文件或质量鉴定文件，并按有关要求进行抽样检测，经进场检查确认合格后，方可使用。

用于模块制作的阀门应全部试压，并按照相关规范保存试验记录。电动、气动等自控阀门安装前应进行单体调试，启闭试验应合格。

用于加工弯头，大小头严格按照相关规范验收，在制作前应该实测管件尺寸。

生产单位应具备完善的质量管理体系和制度。

当采用新技术、新工艺、新材料、新设备时，生产单位应制定专项生产方案，必要时进行样品试制，经检验合格后方可实施。

生产加工应建立首件验收制度，由建设或总包单位组织相关人员验收合格后方可进行后续的批量生产，全部生产完成后应组织有关部门验收。

预制产品应进行唯一编码标识，与集成设计阶段的编码相匹配。标识内容应包含产品编号、安装部位、生产单位、检验人员、生产日期等信息。

生产单位宜在设备设施完备的加工厂、车间或者有加工、组装条件的场地进行，应有专门的生产、技术管理团队和产业工人，并应建立技术标准体系及安全、质量、环境管理体系。生产工艺必须符合当地政府的环保政策，加工场所内应有稳定的电源、气源、水源等生产要素。加工场所宜有成套的焊烟除尘和油漆尾气处理系统。

（2）预制条件

生产前应编制生产方案，方案内容应包括生产计划及生产工艺、技术质量控制措施、成品存放、运输和保护措施等。

生产前应由建设单位组织设计、生产、施工单位进行设计交底和图纸会审。模块的制作应按照系统图、制作图、装配图、制作说明书及有关技术文件进行。

设备材料验收符合项目管理各方的要求，所有材料和设备的质量、技术文件应齐全，并按有关规定进行抽样检测（设备、阀门、管道、型钢、弯头、法兰、螺栓、垫片、垫木、抱箍）。

（3）其他生产条件

1）生产工艺必须符合当地的环保政策。

2）加工场所内应有稳定的电源、气源、水源等生产要素。

3）加工场所宜有成套焊烟除尘和油漆尾气处理系统。

4）管道构件及支架的制作加工宜根据材料的规格型号，集中批次进行切割、焊接、涂漆等工作。

4.6 表面处理

所有材料进场后，均需要进行表面处理，确保原材料表面无油、无锈、无水、无尘，否则可能导致焊接过程中出现夹渣和气孔，降低焊缝质量，后期出现漏水现象。管道、型钢外壁除锈可采用机械除锈或人工除锈。

抛丸除锈是用电机带动叶轮体旋转，靠离心力的作用，将直径在0.2～3.0mm的丸子（有铸丸、切丸、不锈钢丸等）抛向工件的表面，使工件的表面达到一定的粗糙度，使工件变得美观，或者改变工件的焊接拉应力为压应力，提高工件的使用寿命。喷砂除锈是采用压缩空气为动力，以形成高速喷射束将喷料（石榴石砂、铜矿砂、石英砂、金刚砂、铁砂、海南砂）高速喷射到需要处理的工件表面，使工件表面的外表或形状发生变化。抛丸除锈和喷砂除锈对场地面积要求大，粉尘污染严重，需要设置专业的封闭场地进行，造价较高。

管道除锈利用自行研发的通过式管道除锈机，采用角度可调的支撑橡胶轮，摩擦带动

图 4.6-1 通过式管道除锈机

钢管做螺旋前进运动，平行钢丝滚轮做圆周运动，高速运动的钢刷，剥离金属表面的氧化物，以达到高效除锈的目的。可以对 $DN100 \sim DN1000$ 的管道高效除锈，一次通过，除锈效果可达 St3 等级。通过式管道除锈机效率高达人工除锈效率的 20 倍，对操作人员几乎零危害。除锈机成本低，是抛丸机除锈机的 1/20。成本低，效率高，大幅提高了工厂预制加工的生产效率（图 4.6-1）。

4.7 生产加工

4.7.1 管道及型钢切割

管道构件及支架的制作加工宜根据材料的规格型号，集中批次进行切割、焊接、涂漆等工作。管道切割切口表面应平整，尺寸应正确，并应无裂纹、重皮、毛刺、凸凹、缩口、熔渣、氧化物、铁屑等现象。

管道切割加工尺寸允许偏差应符合表 4.7-1 的规定。

管道切割加工尺寸允许偏差 表 4.7-1

项目			允许偏差(mm)
长度			±2
切口垂直度	管径	管径<$DN100$	1
		$DN100 \leqslant$ 管径 $\leqslant DN200$	1.5
		管径>$DN200$	3

切割下料：

按照管道预制工艺文件要求的尺寸，对管道进行下料划线。对于采用平焊法兰或承插焊连接的管子，下料尺寸应计及承插长度。

当管子切割后无法保存原始标记时，应采用移植方法预先进行材料再标识。

管子宜采用机械方法切割，也可采用氧气乙炔火焰切割，不锈钢管应采用机械或等离子方法切割。采用等离子切割时，应先除去表面的氧化层。

管子切口质量应符合下列规定：（1）切口表面应平整，无裂纹、重皮、毛刺、凸凹、缩口、熔渣、氧化物、铁屑等；（2）切口端面倾斜偏差 △ 应小于等于管子外径的 1%，且小于等于 3mm。

图 4.7-1 为带锯床切割下料，图 4.7-2 为等离子相贯线切割下料。

坡口处理应符合以下规定：

坡口的制备宜采用机械加工方法（图 4.7-3），碳钢管也可采用火焰切割方法加工坡口，加工后，应除去坡口表面的氧化皮、熔渣及影响接头质量的表面层，保持坡口表面平整。采用其他加工方法时，该方法应经技术评审。

图 4.7-1 带锯床切割下料

图 4.7-2 等离子相贯线切割下料

图 4.7-3 机械坡口机坡口

坡口形式和尺寸应符合设计文件规定、焊接工艺规程及相关行业标准的要求。

当设计文件和相关标准对坡口表面有无损检测要求时，无损检测及缺陷处理应在施焊前完成。

管道系统的管道预制接口和设备、阀门及管件的接口，对接端宜采用统一的机械加工内径。

4.7.2 管道焊接

管道焊接预制加工尺寸允许偏差应符合表 4.7-2 的规定。

管道焊接预制加工尺寸允许偏差　　　　　　　　　　　　　　表 4.7-2

项目		允许偏差(mm)
管道焊接组对内壁错边量		不超过壁厚的 10%，且不大于 2mm
管道对口平直度	对口处偏差距接口中心 200mm 处测量	1.0
	管道全长	5
法兰面与管道中心垂直度	管径<DN150	0.5
	管径≥DN150	1.0
法兰螺栓对称水平度		±1.0

1. 管道焊接前组对

管道对接焊口的组对应做到内壁齐平，内壁错边量不应超过壁厚的 10%，而且不大于 2mm。对内壁错边量超过此值或外壁错边量大于 3mm 时，应进行修整。

管子对口时，应在距接口中心 200mm 处测量平直度，当管子公称直径小于 100mm 时，允许偏差为 1mm；当管子公称直径大于或等于 10mm 时，允许偏差为 2mm。但全长允许偏差均为 10mm。

对口应使管中心线在一条直线上，对口间隙应符合要求。

管道对接焊口的组对应做到内壁齐平，内壁错边量不宜超过壁厚的 10%，且不大于 2mm，组对时不得强行组对，图 4.7-4 为管道法兰组对。

图 4.7-4　管道法兰组对

管道焊接宜采用自动焊接设备，焊接工艺的选择根据设计压力、管道壁厚、焊缝要求确定。焊接完成待焊缝冷却后测量校核预制构件尺寸，达标后清理焊渣，并在预制构件上标准编号及工序责任人。管道焊缝检验应根据项目对焊缝等级实际要求，采用与之相匹配的测量仪器与方法进行焊缝检测，管道焊缝外观质量允许偏差见表 4.7-3。

管道焊缝外观质量允许偏差　　　　　　　　　　表 4.7-3

序号	类别	质量要求
1	焊缝	不允许有裂缝、未焊透、未熔合、表面气孔、外露夹渣、未焊满等现象
2	咬边	深度≤0.1T（T 壁厚），且≤1mm，长度不限
3	根部收缩（根部凹陷）	深度≤0.20+0.04T，且≤2.0mm；长度不限
4	角焊缝厚度不足	≤0.3+0.05T，且≤2mm，每 100mm 焊缝长度内缺陷总长度≤25mm
5	角焊缝焊脚不对称	差值≤2+0.20t（t 设计焊缝厚度）

2. 焊接应符合以下要求

（1）管道的焊缝位置要避开应力集中区，便于焊接、检验。

（2）管道安装前进行内部清理，清理工作根据设计要求以及管径大小，分别采用人工清理、压缩空气吹扫、脱脂、钝化等方法。

（3）管道上的开孔在安装前完成，必须在已安装的管道上开孔时，及时清除切割产生的异物。

（4）管道安装过程中如遇中断，及时封闭敞开的管口。复工安装前，认真检查管道内部，确认清洁后再进行安装。

（5）管道组对时检查组对的平直度。

（6）管道连接时，不得采用强力对口、加热管子、加偏垫、或多层垫片等方法来消除接口端面的空隙、偏斜、错口或不同心等缺陷。当发生这些缺陷时，检查相邻或相关管段的尺寸及管架，然后对产生缺陷的部位进行返修和校正。

（7）焊接及紧固法兰前，对法兰密封面和密封垫片、垫圈进行外观检查，不得有影响密封性能的缺陷存在。

（8）法兰连接与管道同心，并保证螺栓自由穿入。法兰螺栓孔跨中安装。法兰间保持平行，其偏差不大于法兰外径的 1.5‰，且不大于 2mm。不得用强紧螺栓的方法消除歪斜。

（9）装配法兰时，先在上方进行定位焊接，用法兰角尺沿上下方向找正，合格后点固下方，再找正左右两侧进行定位焊。

（10）如需在同一管段的两端焊接法兰时，将管段找平、找正，先焊好一端法兰，然后依此法兰为基准用线坠或水平尺找正后，再装配另一端的法兰。

4.7.3　支架焊接

（1）型钢制作前进行集中机械除锈，除锈等级应符合设计要求，且不应低于 Sa2.5。

（2）型钢的拼接应采用等强度接头。

（3）型钢框架下部底座部分宜采用焊接连接，角焊缝高度不小于相焊件较薄件厚度。

（4）型钢框架除下部外，其他位置的连接宜采用螺栓连接。

（5）装配式支架制作尺寸允许偏差应符合表 4.7-4 的规定。

装配式支架制作尺寸允许偏差　　　　　　　　　　　　　表 4.7-4

项目		允许偏差(mm)
装配式支架	边长	±2
	对角线之差	3
	平面度	2

4.7.4　支撑体系装配

根据设计深化图纸，利用带锯床进行批量下料、流水作业（图 4.7-5、图 4.7-6）。

图 4.7-5　支撑体系底座批量制作

图 4.7-6　支撑体系立柱批量制作

4.7.5 管道装配

（1）在满足现场的运输条件下，宜在工厂做管组集成，管组模块包含成排管线，垫木，阀件，以及对应的支撑结构。管组模块外应采用现场非焊接连接的方式。

（2）管组内管线的管道间距应考虑保温空间。

（3）采用螺纹连接或沟槽连接时，镀锌层破坏的表面及外露螺纹部分应进行防腐处理；采用焊接法兰连接时，对焊缝及热影响地区的表面应进行二次镀锌或防腐处理。

根据深化设计图纸，严格规定每一段法兰短管的长度，批量下料、对口、焊接，利用环缝自动焊机进行法兰焊接，保证每段管段规格统一（图4.7-7、图4.7-8）。

图 4.7-7　法兰短管批量生产

图 4.7-8　管道马口批量组对

4.7.6 泵组装配

（1）单元模块的装配应在专用的拼装平台上进行。

（2）按顺序进行转运与就位，宜遵循先主后次、先大后小、先上后下、先里后外的原则。

（3）模块框架宜采用螺栓连接的方式，连接节点采用机械化批量制作，型钢框架上的连接孔采用数控设备自动化切割。

（4）模块内管道与型钢框架有不小于100mm的空间位置。

（5）水泵减振台座的在安装过程中应考虑临时固定，避免损坏弹簧，有集中泄水的台座应临时封堵泄水口，减振台座的安装应采取倾斜及偏移矫正措施。

（6）水泵就位时，水泵纵向中心轴线应与减振台座中心线或者基础框架中心线重合对齐，并找平找正；水泵与减振板固定应牢靠，地脚螺栓应有防松动措施。

（7）单元模块本体应考虑与土建结构的固定连接点。

（8）单元模块应设置专用的起吊点，并通过计算校核。

管道泵组装配见图4.7-9。

4.7.7 水泵安装

（1）水泵的安装。水泵运输由加工中心桥式起重机进行，将水泵直接运输到支撑体系，放置到槽钢横担上。

（2）水泵位置精确调整。在桥式起重机吊钩处连接捯链，用捯链将水泵吊起，对水泵进行精确位置调整，位置调整到位后，用螺栓进行固定（图4.7-10）。

图4.7-9 管道泵组装配

图4.7-10 水泵安装

4.7.8 阀门、短接组装

（1）阀门安装的位置及进、出口方向应正确，且应便于操作。连接应牢固紧密，启闭应灵活。成排阀门的排列应整齐美观，在同一平面上的允许偏差不应大于3mm。

（2）过滤器的安装方向应正确，安装位置应便于滤网的拆装和清洗，与管道连接应牢固严密。

（3）软密封的阀件连接不必加垫片，硬密封连接的阀门法兰之间的垫片宜采用包边的金属石墨垫片。

（4）电动、气动等自控阀门安装前应进行单体调试，启闭试验应合格。

（5）螺栓朝向一致，螺杆外露出螺母2~3丝。

（6）软接必须设置限位装置。

（7）安装法兰阀门时，应将阀门关闭，并均匀地拧紧螺母。

（8）阀门连接应牢固、紧密，启闭灵活，朝向合理；并排水平管道设计间距过小时，阀门应错开安装；并排垂直管道上的阀门应安装于同一高度上，手轮之间的净距不应小于100mm。

（9）管道调直时，严禁在阀门处加力，以免损坏阀体。

（10）水平管道上安装的阀门，不应将阀门手轮朝下安装。

（11）将预制完成的管道短接、阀门进行组装连接，组成管段模块。

（12）利用吊车和捯链，用捯链将管段模块提升安装；为防止管段模块被破坏，提升采用吊装带与管段模块绑扎，吊装带再与捯链连接的方式，管段模块安装到位后及时用螺栓与水泵进行固定连接。

4.7.9 测量与检查

（1）支吊架外观样式检查，根据图纸核对支吊架样式（型钢大小、连接板 位置、连接板方向等）。支吊架尺寸复核，根据预制加工图纸复核支吊架各部位具体尺寸参数，确保与加工图纸一致，允许误差范围为≤2mm。

（2）管段外观样式检查，根据图纸核对管段样式（管段规格、法兰形式、弯头方向、三通位置及规格等）。

（3）管段尺寸复核，根据加工图纸复核管段各部位具体尺寸参数，异性管段复核时应保证测量部位与参照点垂直，确保测量数据准确，管段允许误差范围为≤3mm。

（4）有焊缝探伤检测要求的，检测报告及相关记录文件齐全。

（5）支架制作与制作加工图一致，安装位置正确，与管道接触紧密、牢固。

（6）装配单元编码标识清晰、易识别。

（7）装配单元的成品保护措施齐全。

（8）螺栓等安装配件附带齐全。

4.8 成品保护

泵组模块生产完成后，应根据要求喷涂防锈底漆及面漆，模块喷涂时，应对水泵、阀门、压力表、螺栓等无需喷漆部位进行遮挡保护，避免油漆污染（图4.8-1）。

离散管道喷漆前，应对法兰端部止水圈处进行保护，避免喷漆污染，以防后期安装止水垫片产生缝隙，增加漏水风险。完成喷漆的模块和管道，应等待油漆完全干透后，用土工布等材料进行成品保护，避免搬运过程中破坏漆面（图4.8-2、图4.8-3）。

图4.8-1 油漆喷涂保护

图4.8-2 法兰端口止水圈保护

图4.8-3 管道成品保护

第5章 运 输

5.1 运输前准备

模块和离散管道运输前，应做好加工厂内以及施工现场的准备工作。

（1）测量模块长、宽、高尺寸和模块质量，确定装车需用的吊车、叉车吨位等信息；

（2）勘察工厂运输路线，提前清除运输道路的障碍、杂物等；

（3）联系物流公司，确定货运车辆长度（是否能进工厂、施工现场），宽度（是否属于超宽车辆，模块是否超宽，是否需要向交通部门报备），高度（货车底盘高度，运输模块是否超高，施工现场高度是否足够），载重（货物是否超重）等信息；

（4）勘查运输道路限宽、限高、封路、施工、限行等信息；

（5）确定施工现场运输道路，吊装口位置，货车卸货位置，叉车、吊车支车位置；

（6）确定模块、管段吊装重心点位置；

（7）准备吊带、钢丝绳、木方、地坦克、撬棍等辅助设备。

5.2 加工厂内转运

车间内转运，通常用桥式起重机、地坦克和叉车进行。

桥式起重机和叉车属于特种设备，操作人员必须具备特种作业操作证方可操作设备。指挥、司机等操作人员必须相互配合，密切协作，防止发生事故。

离散管道，一般情况下利用桥式起重机进行转运和装车，运转时要注意做好设备工作前的安全检查。离散管道由于外形各异，除了标准的法兰直管外，更多的是带弯头等异形工件，吊装时要注意吊带的捆绑位置，确保管件起吊后重心不偏移，吊带不移位，避免出现工件滑落伤人等事故（图 5.2-1）。

模块在厂内转运时，通常使用桥式起重机、地坦克、叉车、吊车进行。由于模块一般质量较重，使用桥式起重机进行转运时，一定注意要遵守桥式起重机操作规范，不能超负荷起吊；如超过桥式起重机起重额定重量，应使用其他机械进行转运。如场地狭小，叉车、吊车无法完成转运，则需要采用地坦克＋人工的方式进行转运，转运时注意做好安全防护（图 5.2-2）。

图 5.2-1　加工厂内转运管道

图 5.2-2　地坦克＋人工转运方式

一般 10t 以内模块，宜采用 10t 叉车进行转运。叉车转运的优点为方便快捷，中途不需要倒运，可从车间内叉出模块直接进行装车作业（图 5.2-3）。

10t 以上模块，宜采用叉车＋吊车的方式进行转运。由于 10t 以上叉车资源较少，10t 以上模块，可采用叉车＋地坦克的方式，将模块从车间转运到室外空旷地带，再由吊车进行装车操作（图 5.2-4）。

图 5.2-3　叉车转运方式

图 5.2-4　吊车转运

5.3　场内至项目现场运输

厂内至项目现场运输，需要做好模块及离散工件的固定工作，防止在路上因为颠簸造成货物移动、掉落等事故的发生。

（1）模块及工件装车后，测量装车后的整体高度及宽度，避免超高或超宽。

（2）对模块进行临时固定，模块上的小部件如阀门标识牌等需要暂时卸下。

（3）离散管道采用高档货车进行运输，管道的摆放应易于现场的卸车，管道上的附件，如压力表、泄水阀等需要暂时拆除，以免运输途中因碰撞损坏（图 5.3-1、图 5.3-2）。

图 5.3-1 模块装车固定

图 5.3-2 模块运输

5.4 现场吊装

现场吊装是运输工序中重要的一环,因为施工现场条件复杂,不确定因素较多,现场吊装应做好以下方面:

(1)提前规划货车进场道路以及吊车扎车位置;

(2)根据货车卸车位置、吊装口位置以及模块重量选择合适的汽车起重机;

(3)确定模块吊装入场后的运输路径及运输方法;

(4)做好现场辅助机械和人工的准备工作。

现场吊装及运输见图 5.4-1~图 5.4-4。

图 5.4-1　货车及吊车就位

图 5.4-2　模块起吊

图 5.4-3　模块进入吊装口

图 5.4-4　现场内运输

第6章 装 配

6.1 装配前准备

（1）对土建基础、排水沟、导流槽等进行测量验收；

（2）根据深化设计图纸，对模块及设备等进行测量放线；

（3）根据运输方案，确定模块、设备运输顺序，并根据设备定位图和运输路线对模块及设备朝向进行调整，确保模块及设备一步到位，避免在机房有限空间内多次调整；

（4）若机房空间有限，运输路线上存在需经过设备基础的情况，需事先采取措施进行找平（采用木方垫平或在相邻基础间设置型钢过桥），使整个运输路线保持在同一水平面上。

6.2 模块就位安装

（1）根据运输方案，对模块及设备进行运输，运输顺序遵循先主后次、先大后小、先上后下、先里后外的原则。

（2）设备运输过程中，运行速度要缓慢，设备行进速度不能过快，单元模块前后坡度不要过大，保证设备运输平稳进行。

（3）模块应按标定的定位标识准确就位，就位后应校准，就位过程及就位后均应设置临时支撑或采取临时固定措施。

（4）各装配式单元水平就位偏差不应大于1‰，垂直就位偏差不应大于0.5‰，就位后不应再进行移位。

6.3 预制支吊架安装

（1）悬吊式支架固定点宜优先设置在柱侧边、梁侧壁上，且固定受力点在梁侧壁1/3~2/3处；当固定在楼板底时，必要时应在楼板上侧加设对拉钢板固定。

（2）支架布置不应影响设备和阀部件的正常操作和检修，排布间距宜均匀一致、成排成线。

（3）施工前应先进行测量放线，放样定位后，应设置明显定位标识。测量放线的操作应符合现行国家标准《工程测量规范》GB 50026 的有关规定。

（4）支吊架在下料制作时，宜根据支架设计图纸进行统筹规划，出具相应的支架下料图，做到型钢利用最大化，减少材料浪费。

（5）支架安装前宜根据管线定位图事先做好抱箍孔开孔工作。

（6）钢结构型钢、支架焊接时，焊缝饱满，不平滑处应打磨，及时去药皮，做好防腐。

6.4　预制水平管安装

（1）对于成排或密集的管组装配单元，在条件允许的情况下，宜采用地面拼装、整体提升的装配方法。

（2）采用整体提升装配方法区域的支架，应先进行支架立柱的施工，支架横担与管组装配单元同时提升，采用高强度螺栓进行连接，在横担与立柱间设置90°带孔机械装配式肋板，支架横担与立柱两端均冲孔，冲孔间距、大小均需要与机械装配式肋板上的孔相匹配。

（3）吊运安装过程中，应监测其吊装状态，当出现偏差时，应立即停止吊装并调整偏差。

（4）法兰连接时管道的法兰面应与管道中心线垂直，且应同心。法兰对接应平行，偏差不应大于管道外径的1.5‰，且不得大于2mm。连接螺栓长度应一致，螺母应在同一侧，并应均匀拧紧。紧固后的螺母应与螺栓端部平齐或略低于螺栓。法兰衬垫的材料、规格与厚度应符合设计要求。

（5）卡箍连接时，当$DN65 \leqslant$管径$\leqslant DN100$时，端面垂直度允许偏差为1mm；当$DN125 \leqslant$管径$\leqslant DN300$时，端面垂直度允许偏差为1.5mm。

6.5　阀门附件安装

阀门安装前应进行外观检查，阀门的铭牌应符合现行国家标准《工业阀门 标志》GB/T 12220的有关规定。工作压力大于1.0MPa及在主干管上起到切断作用和系统冷、热水运行转换调节功能的阀门和止回阀，应进行壳体强度和阀瓣密封性能试验，且应试验合格。其他阀门可不单独进行试验。壳体强度试验压力应为常温条件下公称压力的1.5倍，持续时间不应少于5min，阀门的壳体、填料应无渗漏。严密性试验压力应为公称压力的1.1倍，在试验持续的时间内应保持压力不变，阀门压力试验持续时间与允许泄漏量应符合表6.6-1规定。

阀门压力试验持续时间与允许泄漏量　　　　　　表6.6-1

公称直径DN（mm）	最短试验持续时间（s）	
	严密性试验（水）	
	止回阀	其他阀门
$\leqslant 50$	60	15
65～150	60	60

续表

公称直径 DN(mm)	最短试验持续时间(s)	
	严密性试验(水)	
	止回阀	其他阀门
200～300	60	120
≥350	120	120
允许泄漏量	3滴×(DN/25)/min	小于 DN65 为 0 滴,其他为 2 滴×(DN/25)/min

注: 1. 压力试验的介质为纯净水。用于不锈钢阀门的试验水,氯离子含量不得高于 25mg/L。

2. 阀门的安装位置、高度、进出口方向应符合设计要求,连接应牢固紧密。

3. 安装在保温管道上的手动阀门的手柄不得朝向下。

4. 动态与静态平衡阀的工作压力应符合系统设计要求,安装方向应正确。阀门在系统运行时,应按参数设计要求进行校核、调整。

5. 电动阀门的执行机构应能全程控制阀门的开启与关闭。

6.6　其他设备安装

1. 制冷机组安装

(1) 设备的混凝土基础应进行质量交接验收,且应验收合格。

(2) 根据深化图纸确定设备的位置及接口方向。

(3) 制冷机组机身纵、横向水平度的允许偏差应为 1‰。当采用垫铁调整机组水平度时,应接触紧密并相对固定。

2. 水泵安装

(1) 水泵的平面位置和标高允许偏差应为±10mm,安装的地脚螺栓应垂直,且与设备底座应紧密固定。

(2) 整体安装的泵的纵向水平偏差不应大于 0.1‰,横向水平偏差不应大于 0.2‰。组合安装的泵的纵、横向安装水平偏差不应大于 0.5‰。水泵与电机采用联轴器连接时,联轴器两轴芯的轴向倾斜不应大于 0.2‰,径向位移不应大于 0.05mm。整体安装的小型管道水泵目测应水平,不应有偏斜。

3. 其他设备

水箱、集水器、分水器、膨胀水箱等设备安装时,支架或底座的尺寸、位置应符合设计要求。设备与支架或底座接触应紧密,安装应平整牢固。平面位置允许偏差应为 15mm,标高允许偏差应为±5mm,垂直度允许偏差应为 1‰。

第7章 安全与环境管理

7.1 安全风险因素

安全风险因素见表 7.1-1。

安全风险因素 表 7.1-1

序号	事故类别	作业活动	危害因素	可能导致的事故	风险等级	控制计划
1	触电	临时用电系统布置	施工用电未施行"三级配电两级保护""一机一闸一漏一箱"等,用电防护不善	用电人员遭电击	4	1、2、3、4、5
2		临时用电配电箱安装	漏电保护器等元器件参数不符合要求,用电防护不善或电器故障	用电人员遭电击	3	1、2、3、4、5
3		现场用电作业	电动工具或用电线路漏电,违章作业、用电防护不善或设备故障	用电人员遭电击	4	1、2、3、4、5
4		现场用电作业	电气作业未穿戴合格的个人绝缘防护用品,违章作业或防护不善	用电人员遭电击	3	1、2、3、4、5
5		现场用电作业	手持照明灯具、潮湿场所未使用相应的安全电压,违章作业或防护不善	用电人员遭电击	3	1、2、3、4、5
6	物体打击	现场施工作业	现场作业人员未正确佩戴安全帽,违章作业或防护不善	物体打击或碰撞伤人	3	2、3、4、5
7		物件吊装作业	吊装作业物料下落,违章作业或防护不善	物件坠落伤人	3	2、3、4、5
8		临边、洞口作业	同一立面空间上下交叉作业,违章作业或防护不善	物件坠落伤人	4	1、2、3、4、5
9	高处坠落	高处、临边作业	防护栏杆防护不善	坠落伤人	3	1、2、3、4、5
10		高处、临边作业	防坠落的个人防护用品有缺陷	坠落伤人	3	1、2、3、4、5
11		高处、临边作业	作业面下方防坠落水平防护设施有缺陷	坠落伤人	3	1、2、3、4、5
12		高处、临边作业	操作者疲劳作业	坠落伤人	3	1、2、3、4、5

续表

序号	事故类别	作业活动	危害因素	可能导致的事故	风险等级	控制计划
13		台钻使用	违章作业、防护不善或设备故障	人身伤害	3	2、3、4、5
14		切割机使用	违章作业、防护不善或设备故障	人身伤害	3	2、3、4、5
15		卷扬机使用	违章作业、防护不善或设备故障	人身伤害	3	2、3、4、5
16	机械伤害	吊装作业	违章指挥	吊车倾覆、人身伤害、物料损失	4	2、3、4、5
17		吊装作业	违章作业	吊车倾覆、人身伤害、物料损失	3	2、3、4、5
18		吊装作业	起重设备上的受力构件、杆件出现金属疲劳以及其他设备故障	人身伤害、物料损失	3	2、3、4、5
19	火灾	电焊、气焊作业	明火作业与易燃易爆物品距离小于安全距离且无相应的防火措施	人员烧伤、财产损失	4	2、3、4、5
20		气焊作业	乙炔瓶使用过程中倒放，气压表损坏	人员烧伤、财产损失	3	2、3、4、5

注：风险等级划分及控制计划内容见表 7.1-2、表 7.1-3。

风险等级划分（当风险等级为 3 级以上时为重大风险即不可承受风险）

表 7.1-2

序号	风险程序	风险等级
1	稍有危险	1
2	一般危险	2
3	显著危险	3
4	高度危险	4
5	极其危险	5

控制计划　表 7.1-3

序号	控制计划	编号
1	制定目标、指标及管理方案	1
2	制定运行控制计划	2
3	培训与教育	3
4	制定应急预案与响应	4
5	加强现场监督检查	5

7.2　安全应急预案

7.2.1　预防高处坠落的措施

（1）加强安全自我保护意识教育，强化管理安全防护用品的使用。

（2）重点部位项目，严格执行安全管理专业人员旁站监督制度。

（3）及时完善各项安全防护设施，各类安全门栏，必须设置警示牌。

（4）各类脚手架及垂直运输设备搭设、安装完毕后，未经验收禁止使用。

（5）安全专业人员，加强安全防护设施巡查，发现隐患及时落实整改，清除隐患进行解决。

7.2.2　火灾、爆炸事故预防措施

（1）根据施工的具体情况制定消防保卫方案，建立健全各项消防安全制度，严格遵守各项操作规程。

（2）在场地内不得存放油漆、燃油、火工材料等易燃易爆物品。

（3）不得在施工场地设火工材料加工间，不得在施工场所内进行油漆的调配。

（4）场地内严禁吸烟，使用各种明火作业应开具动火证并设专人监护。

（5）作业现场要配备充足的消防器材。

（6）施工期间，在施工场所内使用各种明火作业应得到批准，并且要配备充足灭火材料和消防器材。

（7）严禁在施工现场内存放氧气瓶、乙炔瓶。

（8）施工作业时氧气瓶、乙炔瓶要与动火点保持10m的距离，氧气瓶与乙炔瓶的距离应保持5m以上。

（9）进行电、气焊作业要取得动火证，并设专人看管，施工现场要配置充足的消防器材。

（10）作业人员必须持上岗证，到项目经理部有关人员处办理动火证，并按要求对作业区域易燃易爆物进行清理，对有可能飞溅下落火花的孔洞采取措施进行封堵。

7.2.3　触电事故预防措施

（1）坚持电气专业人员持证上岗，非电气专业人员不准进行任何电气部件的更换或维修。

（2）建立临时用电检查制度，按临时用电管理规定对现场的各种线路和设施进行检查和不定期抽查，并将检查、抽查记录存档。

（3）检查和操作人员必须按规定穿绝缘胶鞋、戴绝缘手套；必须使用电工专用绝缘工具。

（4）临时配电线路必须按规范架设，架空线必须采用绝缘导线，不得采用塑胶软线，不得成束架空敷设，不得沿地面明敷。

（5）施工现场临时用电的架设和使用必须符合《施工现场临时用电安全技术规范》JGJ 46—2005的规定。

（6）施工机具、车辆及人员，应与线路保持安全距离。达不到规定的最小距离时，必须采用可靠的防护措施。

（7）配电系统必须实行分级配电。现场内所有电闸箱的内部设置必须符合有关规定，箱内电器必须可靠、完好，其选型、电流、电压的额定值要符合标准规定，开关电器应标明用途。电闸箱内电器系统需统一样式，统一配置，箱体统一刷涂橘黄色，并按规定设置围栏和防护棚，流动箱与上一级电闸箱的连接方式应安全可靠。

（8）应保持配电线路及配电箱和开关箱内电缆、导线对地绝缘良好，不得有破损、硬伤、带电体裸露、电线受挤压、腐蚀、漏电等隐患，以防突然出现事故。

（9）独立的配电系统必须采用三相五线制的接零保护系统，非独立系统可根据现场的实际情况采取相应的接零或接地保护方式。各种电气设备和电力施工机械的金属外壳、金

属支架和底座必须按规定采取可靠地接零或接地保护。

（10）在采取接零、接地保护方式时，必须设两级漏电保护装置，实行分级保护，形成完整的保护系统。漏电保护装置的选择应符合规定。

（11）为了在发生火灾等紧急情况时能确保现场的照明不中断，配电箱内的动力开关与照明开关必须分开使用。

（12）开关箱应由分配电箱配电。注意一个开关控制两台以上的用电设备不可一闸多用，每台设备应有各自开关箱，严禁一个开关控制两台以上的用电设备（含插座），以保证安全。

（13）电动工具的使用应符合国家标准的有关规定。工具的电源线、插头和插座应完好，电源导线不得任意接长和调换，工具的外绝缘应完好无损，维修和保管有专人负责。

（14）电焊机应单独设开关。电焊机外壳应做接零或接地保护。施工现场内使用的所有电焊机必须按《施工现场临时用电安全技术规范》JGJ 46—2005 第9.5.3条规定，加装电焊机械防二次侧触电保护器。接线头应该压紧接牢固，并安装可靠防护罩。焊把线应双线到位，不得借用金属管道、金属脚手架、轨道及结构钢筋做回路地线。焊把线无破损，绝缘良好。电焊机设置点应防潮、防雨、防砸。

7.2.4 发生高处坠落事故的抢救措施

（1）救援人员首先根据伤者受伤部位立即组织抢救，使伤者快速脱离危险环境，送往医院救治，并保护现场。查看事故现场周围有无其他危险源存在。

（2）在抢救伤员的同时迅速向上级报告事故现场情况。

（3）抢救受伤人员时几种情况的处理：

1）如确认坠落人员已死亡，立即保护现场。

2）如发现坠落人员昏迷、伤及内脏、骨折及大量失血的处理方法：

① 立即联系项目管理人员，项目管理应立即启动应急预案并送至项目指定医院。为取得最佳抢救效果，还可根据伤情送往专科医院。

② 外伤大出血：应急车辆未到前，现场采取止血措施。

③ 骨折：注意搬运时的保护，对昏迷、可能伤及脊椎、内脏或伤情不详者，一律用担架或平板抬护，禁止用搂、抱、背等方式运输伤员。

3）一般性伤情送往医院检查，防止破伤风。

7.2.5 触电事故应急处置

（1）截断电源，关上插座上的开关或拔除插头。如果够不着插座开关，就关上总开关。切勿试图关上那件电器用具的开关，因为可能正是该开关漏电。

（2）若无法关上开关，可站在绝缘物上，用扫帚或木棒等将触电者拨离电源，或用绳子或任何干线条绕过伤者腋下或腿部，把伤者拖离电源。切勿用手触及触电者，也不要用潮湿的工具或金属物质把伤者拨开，也不要使用潮湿的物件拖动触电者。

（3）如果触电者呼吸心跳停止，开始人工呼吸和胸外心脏按压。切记不能给触电的人注射强心针。若触电者昏迷，则将其身体放置成卧式。

（4）若触电者曾经昏迷、身体被烧伤，或感到不适，必须打电话叫救护车，或立即送伤者到医院急救。

（5）高空出现事故时，应立即截断电源，把触电者抬到附近平坦的地方，立即对其进行急救。

（6）现场抢救触电者的原则：迅速、就地、准确、坚持。

迅速——争分夺秒使触电者脱离电源。

就地——必须在现场附近就地抢救，病人有意识后再就近送医院抢救。从触电时算起，5min以内及时抢救，救生率90%左右。10min以内抢救，救生率6.15%希望甚微。

准确——人工呼吸发出的动作必须准确。

坚持——只要有百万分之一的希望，就要近百分之百地努力抢救。

7.2.6 电焊伤害事故的应急处置

（1）未取得上岗操作资格的人员不准进行焊接工作。焊接管道及承压容器等设备的焊工，必须按照锅炉监察规程（焊工考试部分）的要求，经过考试取得特种作业人员上岗资格证书者，方可持证工作。

（2）焊工应穿帆布工作服，戴工作帽，上衣不准扎在裤子里。口袋须有遮盖，脚穿绝缘橡胶鞋，以免焊接时被烧伤。

（3）焊工应戴绝缘手套，不得湿手作业操作，以免焊接时触电。

（4）禁止使用有缺陷的焊接工具和设备。

（5）高空电焊作业人员，应正确佩戴安全带，作业面设置水平安全网兜并铺彩条布，周围用密目网围护，以防焊渣四溅。

（6）不准在带有压力（液体压力或气体压力）的设备上或带电的设备上进行焊接。

（7）现场上固定的电源线必须加塑料套管埋地保护，以防止被加工件压迫发生触电。

（8）电焊施工前，项目部要统一办理动火证。

7.2.7 火灾、爆炸事故的应急措施

（1）对施工人员进行防火安全教育

防火安全教育的目的是帮助施工人员学习防火、灭火、避难、危险品转移等各种安全疏散知识和应对方法，提高施工人员对火灾、爆炸发生时的心理承受能力和应变力。一旦发生突发事件，施工人员不仅可以沉稳自救，还可以冷静地配合外界施救的消防员，做好灭火工作，把火灾事故损失降低到最低水平。

（2）早期警告

事件发生时，在安全地带的施工人员可通过手机、对讲机向施工人员传递火灾发生信息和位置。

（3）紧急情况下电梯、楼梯、马道的使用

在发生火灾时，最好通过室内楼梯或室外脚手架马道逃生。如果下行楼梯受阻，施工人员可以在某楼层或楼顶部耐心等待救援，打开窗户或划破安全网保持通风，同时用湿布捂住口鼻，挥舞彩色安全帽表明所处的位置，切忌逃生时在马道上拥挤。

7.2.8 小型机械设备事故应急措施

（1）发生各种机械伤害时，应先切断电源，再根据伤害部位和伤害性质进行处理。

（2）根据现场人员被伤害的程度，一边通知急救医院，一边对轻伤人员进行现场救护。

（3）对重伤者不明伤害部位和伤害程度的，不要盲目进行抢救，以免引起更严重的伤害。

7.2.9 机械伤害事故引起人员伤亡的处置

（1）迅速确定事故发生的准确位置、可能波及的范围、设备损坏的程度、人员伤亡等情况，以根据不同情况进行处置。

（2）划出事故特定区域，非救援人员、未经允许不得进入特定区域。迅速核实塔式起重机上作业人数，如有人员被压在倒塌的设备下面，要立即采取可靠措施加固四周，然后拆除或切割压住伤者的杆件，将伤员移出。

（3）抢救受伤人员时几种情况的处理：

1）如确认人员已死亡，立即保护现场。

2）如发生人员昏迷、伤及内脏、骨折及大量失血：

① 立即联系项目管理人员，项目管理应立即启动应急预案并送至项目指定医院。为取得最佳抢救效果，还可根据伤情送往专科医院。

② 外伤大出血：急救车未到前，现场采取止血措施。

③ 骨折：注意搬动时的保护，对昏迷、可能伤及脊椎、内脏或伤情不详者一律用担架或平板，不得一人抬肩、一人抬腿。

3）一般性外伤：

① 视伤情送往医院，防止破伤风。

② 轻微内伤，送医院检查。

制定救援措施时一定要考虑所采取措施的安全性和风险，经评价确认安全无误后，再实施救援，避免因采取措施不当而引发新的伤害或损失。

7.2.10 应急物资及装备

（1）救护人员的装备：头盔、防护服、防护靴、防护手套、安全带、呼吸保护器具等。

（2）灭火剂：水、泡沫、CO_2、卤代烷、干粉、惰性气体等。

（3）灭火器：干粉、泡沫、1211、气体灭火器等。

（4）简易灭火工具：扫帚、铁锹、水桶、脸盆、沙箱、石棉被、湿布、干粉袋等。

（5）消防救护器材：救生网、救生梯、救生袋、救生垫、救生担架等。

（6）自动苏生器：适用于抢救因中毒窒息、胸外伤、溺水、触电等原因造成的呼吸抑制或窒息处于假死状态的伤员。

（7）通信器材：固定电话一个，移动电话：原则上每个管理人员一人一个，对讲机若干。

7.3 环境保护措施

随着国家对环境保护的重视，装配式机房在预制、装配阶段，也应响应国家和当地相关环保政策，建立健全环境保护体系，所有固体废物、危险废物去向明确，经严格管理后，做到对环境影响较小。

7.3.1 工艺流程及产污环节

（1）材料除锈：材料进场后，使用除锈机对管材的表面进行除锈，型钢采用人工除锈，该工序产生污染物主要为颗粒物、噪声、锈渣等。

（2）材料切割：对除锈完成后的材料按照要求进行切割下料，管道使用相贯线，型材使用锯床或者人工切割，该工序产生的污染物主要为颗粒物、噪声、废边角料、废切削液等。

（3）焊接组装：对管道、型材等进行组装，用 CO_2 气体保护焊、电焊等对其进行加工，该工序产生焊接烟尘、噪声、焊渣等。

7.3.2 环境保护措施

1. 除锈废气

对钢型材料进行除锈清理过程中，会产生大量的含金属氧化物粉尘。在除锈机上设集气罩，将粉尘引入一台袋式除尘器内进行处理后，袋式除尘器的除尘效率为 95%，尾气接入滤筒除尘器二次处理后，经 1 根 15m 高排气筒排放。

2. 焊割烟气

钢材切割采用等离子切割，等离子切割产污染强参考有关资料推荐的经验排放系数，等离子切割烟尘产生量为 40～80mg/min，切割工序每天运行 1h，年运行 300d，则烟尘产生速率为 0.0048kg/h，年产生量 0.0014t/a。

焊接材料主要采用 E4303 钛钙型焊条和 MG70S-6 碳钢实心焊丝，采用焊接方式为 CO_2 气体保护焊和手工电焊。CO_2 气体保护焊施焊时发尘量为 10～40mg/min，手工电焊施焊时发尘量为 200～280mg/min。手工电焊和 CO_2 气体保护焊各按每天 4h 计，焊接烟尘的产生速率为 0.0192kg/h，年产生量为 0.0231t/a。

机房预制生产期间，车间采用中央除尘系统对污染物进行分散收集，集中处理。每个排烟点吸口设计风量为 500～1800m³/h。考虑到排风管网系统阻力，排风机的风量宜为除尘器处理风量的 1.1～1.15 倍，再留一定的余量。其中除锈产生的废气经袋式除尘器（收集率 98%、除尘率 95%）处理后进入滤筒除尘器（收集效率按 95% 计，处理效率按 95% 计）二次处理后排放，其余废气直接进入滤筒除尘器处理后排放。

3. 噪声

噪声主要来自机加工车间内的相贯线切割机、焊接变位机、锯床、钻床等机械设备，噪声源强为 70～95dB（A），所有设备均应设置减振基础、厂房隔离，设备定期维护，减少噪声对周围环境的影响。

4. 固废

固废主要包括生活垃圾、一般固废和危险废物。一般固废包括切割粉尘和废边角料、打磨沉降的金属粉尘、烟尘净化设备收集的烟尘、焊渣等；危险废物包括废切削液、废油手套、废棉纱、废机油等。

（1）生活垃圾

生活垃圾主要由职工日常办公生活产生的，按 0.5kg/（人·d）计，设人数为 15 人，则垃圾日产量为 7.5kg/d，年工作天数为 300d，生活垃圾年产量约为 2.2t/a。生活垃圾交由项目所在地的环卫部门收集，运送至城市垃圾填埋场进行无害化处理。

（2）一般固废

一般固废主要为生产过程产生的废金属屑、除尘净化器收集的粉尘、焊渣、锈渣等。依据《机加工行业环境影响评价中常见污染物源强估算及污染治理》，焊渣的产生量计算公式为：

$$焊渣量＝焊条使用量×(1/11＋4\%)$$

暂存于一般工业固废暂存区，定期外售其他单位综合利用。

（3）危险废物

根据《国家危险废物名录》（生态环境部令第 39 号），机房预制产生的危险废物有废切削液、废机油、废油手套、废棉纱等。交由有资质的危险废物处理单位处理。

第8章 移 交 使 用

　　这看似是项目管理的最后一个环节，其实是早已融入项目管理各个阶段工作当中，尤其在设计阶段，在一开始进行的用户需求调查，其实就是为了最后的产品交付做准备。通过对用户调查数据的分析，形成了产品的设计标准，结合项目管理的采购、建造等阶段的管控标准，最终形成子项目交付的房间手册，从而完成子项目的交付工作。

　　（1）移交前应已完成整个系统所有的试验及试运行工作，竣工图纸、试验记录、重要设备材料的检验报告及合格证等相关资料应齐全。

　　（2）机房内给水排水、消防及通风等其他配套专业的相关施工内容应全部完成。

　　（3）系统标识及标牌应完善。机房控制室宜设置系统图及深化图。主要阀门宜设置阀门标牌，标明阀门名称、规格、生产厂家、开闭情况等参数，对于需要冬夏季转换的阀门应做明显标识。

　　（4）移交时做好相关记录手续，并做好存档留底工作。

　　（5）施工单位应配合物业服务企业编制装配式机房的《检查与维护更新计划》，并进行定期巡检和维护。

　　（6）使用过程中，应建立检查和维修的技术档案，详细准确记录检查和维修的情况，保证使用安全。

　　（7）使用过程中，应重点对装配式单元组对连接节点进行检查，检查项目应包含牢固性、严密性、偏移量。

第9章 项 目 案 例

9.1 西安永利国际金融中心项目 DPTA 机房研究应用实践

1. 引言

装配式建筑作为建筑行业的一项变革性创新技术，凭借其建造速度快、受气候条件制约小、节约劳动力并可提高建筑质量，在建筑行业内迅速引发关注。随着国家关于大力发展装配式建筑的系列文件出台，必将促成建筑机电行业的改革升级与结构调整。为适应行业发展需求，在行业改革中占得先机，中建三局安装工程有限公司（以下简称：公司）确立机电整体预制装配式研究课题，并以西安永利国际金融中心项目为试点，以机电系统最为复杂的制冷机房为研究对象，确定基于 BIM 技术的工厂化预制技术为研究方向。时值 PIMS（项目管理信息系统）发布时机，我们完成了 DPTA 机房研究课题的立项工作；借助 PIMS 相关理论指引，将该课题作为一个子项目正式启动，完成了包括启动、设计、建造、调试、收尾在内的全阶段的策划工作，并将 PIMS 管理思路与方法引入课题研究当中，开展相关的研究和探索工作。

2. 项目概况

西安永利国际金融中心项目，位于西安市高新区 CBD 核心商业区，由一座塔楼和连体的裙楼组成，是集商业、办公于一体的综合性建筑，塔楼高度为 206.7m，建成后将作为西安标志性建筑。项目制冷机房，位于地下一层，建筑面积 593.7m²，主要包括 6 台冷水机组，18 台水泵，4 台分集水器等主要设备，总制冷量 3800RT，是整个机电系统的"心脏"部位。为适应行业发展需求，在机电行业率先研究装配式施工技术，经研究决定以最为复杂的制冷机房为试点，并提出"DPTA"机房施工理念。DPTA，取自四个英文单词（Design、Prefabricate、Prefabricate、Assemble）的首字母，是对本课题研究内容（设计、预制、运输、装配）的直接体现，同时反映了本课题研究的关键环节所在。

3. 项目启动与策划管理

（1）启动项目与批准《项目章程》

在局级课题"机电整体预制装配技术应用研究"的立项背景下，经公司、项目共同研究讨论，启动 DPTA 机房作为子项目，并委派课题研究负责人作为本子项目的项目经理，负责实施和管理项目。与此同时，由公司、总包单位、各分包商等相关单位领导组成项目顾问专家组（也称项目管理委员会），对项目概况、客户需求、项目风险等相关因素进行分析研讨，从进度管理、商务管理、质安环管理、风险管理、信息管理、绩效管理等方面着手，形成量化的、可测量的考核指标，并整合形成《DPTA 机房项目章程》，以此作为本项目管理目标和管理基准，并为项目总体目标服务。

（2）建立项目管理机构

依照《项目章程》以及相关研究重点，设计项目组织架构体系，以"纵向定规，横向执行"的原则，建立由企业保障层、施工管理层、分包层等三个层级的组成的矩阵组织架构。

DPTA 机房总承包管理矩阵式组织架构图依据"专业的人做专业的事情"基本原则，根据组织成员专业特长，细化职责分工，明确职责权限（主责 R，配合 C，审核 X，审批 A）；同时，践行 PIMS 的"流程导向"理论，各岗位成员随着 PIMS 流程工作任务的需要，阶段性地在设计、预制、运输、装配等流程中担当角色，在"职能导向"与"流程导向"的共同作用引导下，既保证了专业优势的发挥，又实现了各职能成员"动态角色"的转变。

DPTA 机房管理职责划分，见表 9.1-1。

DPTA 机房管理职责划分

表 9.1-1

工序	项目经理	设计经理	建造经理
D	参与调研、图纸设计研讨，并对最终深化图纸进行审批	向项目经理汇报，负责管理项目设计全过程	
P	直接受业主指令并对业主负责；对预制加工厂专业分包商进行管理和协调	对预制施工提供技术支持，及时解决出现的设计问题，并配合对最终的预制模块和管段进行验收	管理整个预制施工，编制施工进度报告并提交给项目经理
T	对运输专业分包商进行管理和协调		管理整个运输过程，编制施工进度报告并提交给项目
A	对装配专业分包商进行管理和协调		管理整个装配施工，编制施工进度报告并提交给项目经理

（3）《项目策划书》

由负责本子项目实施的公司组织编制《DPTA 机房子项目策划书》。为确保项目策划书的更具有指导意义，更有利于课题的研究，编制小组组织对"三个标准"和有关管理文件、工程招标投标有关文件、工程合同、机房原设计文件等进行学习研究，在此基础上完成《项目策划书》的编制，明确本项目管理的定位、目标要求、团队配置、风险识别、具体管理要求等内容，作为本子项目实施的纲领性文件。并依照《企业管理编制》的相关要求，完成审批、交底等工作，作为项目编制《项目实施计划》的主要依据文件。

1）项目管理定位

EPC 管理模式示范项目、PIMS 管理试点项目。

2）明确项目管理目标

① 工期目标：60 天完成整个制冷机房的设计、预制、运输、装配任务；其中最终现场装配时间为 48h。

② 质量目标：确保"国优奖"。

③ 安全目标：安全保证措施到位，保证设备、人员的安全。

④ 经济目标：在总体成本不增加的前提下，缩短工期30％。

⑤ 技术目标：作为新技术孵化工厂，形成核心竞争力，申报科技进步奖，制定地方标准甚至国家标准。

（4）《项目实施计划》

根据《DPTA机房项目策划书》的定位、项目管理目标等要求，编制《项目实施计划》，计划内容涵盖组织架构、生产、技术、商务、成本、质量、安全、物资采购、后勤等影响项目实施全过程的各要素，各要素之间既有各自独立的工作计划，又相互影响，相互融合。为确保计划的及时改进和渐进明细，确定每2天组织一次碰头会，对实施计划及阶段目标完成情况进行考核评估，并形成记录，结合项目实际及时调整、更新实施计划，并设计自动预警提示功能，实现对计划完成情况的预警提示。

图9.1-1为厂家定模生产样品。

图9.1-1　厂家定模生产样品

在专业资源组织方面，坚持"专业的人做专业的事"的基本原则，整合利用各项社会资源，服务于项目管理与创新工作，如引进专业的机械加工、设备运输吊装、金属表面油漆处理等专业资源，保证施工质量的同时，实现了资源的高效利用与集成管理，有利于项目和企业的可持续发展。

4. 流程管控

践行PIMS系统，以"流程为导向"的核心思想，紧抓本项目的设计、预制、运输、装配、调试等几个关键流程，找准各个流程的关键控制目标，确定管控要点，在此基础上设计管控流程，制定相关管理制度，实现"制度管人、流程管理"的管理目标，弱化个人能力主义对项目成功的左右，减小项目实施过程中受人为因素影响的风险，并保证在突发状况时，临时"动态角色"的无缝融入。

（1）设计管理

DPTA机房设计工作着力于创新研究，满足客户需求，设计工作不仅仅局限于施工图深化设计，还包括产品设计（如成品惰性基础、钢结构整体支撑体系、模数化预制构件等）、工艺设计（装配图、机房模块划分图、仪表集成控制系统等）（图9.1-2）。

设计要充分体现DPTA机房的技术先进性，和精益生产的特性，总结为四个融合：与客户需求融合、与接口管理融合、与工厂化预制融合、与后期运维融合。因此，在设计

图 9.1-2 钢结构整体支撑体系和仪表集成控制系统

前期，需要深入了解客户需求与后期运维问题，形成调研报告，对相关数据进行分析，作为本次设计的重要参考依据。为保证设计的前瞻性、协调性，由机电设计经理负责各专业间接口需求管理，并以设计需求接口表的形式输出，明确各专业分包商的责任，保证各项工作的有序开展。

（2）预制管理

DPTA 机房改变了传统机房施工模式，管控关键点为精度管理，预制精度要求控制在毫米级，预制时间控制在 20 天内；为了实现这一目标，项目从进度、质量、安全等方面着手，制定翔实的管控计划。

为保证加工精度，基于 DPTA 机房预制装配图纸，项目管理部组织各自专业相关责任方，对预制图纸进行审查交底，审查内容概括为"一个精度，两个合理"，即：

1）预制加工部件是否符合 DPTA 制冷机房装配图预留接口的位置精度、误差精度。

2）预制子模块的集成形式是否合理。是否便于运输和，是否符合经济、安全性原则。

3）子模块的接口位置设置是否合理。是否制冷机房异形件和建设计件预制合理（预制异形件和建设计件进行计算和校核，做到合理可靠）

因本项目为创新研究内容，在进度把控方面，没有可参考借鉴的依据，项目管理部采取"试验加劳务自提计划"的管理模式，即 PIMS 管理理论中的《末位计划者体系》，由末位操作者结合现场施工情况安排施工进度计划，再报项目管理部审核调整，在最大限度调动劳务工人员责任的同时，发挥项目管理部的监管作用。

另外，项目设置联合作战室，要求公司管理层、项目管理层、劳务作业层等各方人员定期进行集中交流互动，互通项目执行过程中的各项关键信息；项目借助 BIM、VR 等先进的技术手段，实现沟通的可视化，并在加工厂设置质量、安全等管理看板，将预制过程中的关键信息以简单的图表形式反映出来，便于相关人员能方便及时地获取相关信息，并做出快速判断（图 9.1-3）。

（3）运输管理

DPTA 机房主要运输部件为各个预制子模块，工作内容包括吊装装车、运输、卸车、运输就位等关键环节；运输过程按照现代化物流运输的方式，将各个子模块以机械部件的形式进行打包、编码，借助现代化的信息管理手段，完成运输任务（图 9.1-4）。

| 图 9.1-3 模块吊装 | 图 9.1-4 子模块运输 |

子模块运输的难点主要表现在运输路线和运输工具的选择上。在运输路线的选择上，要兼顾经济、安全、进度等诸多因素。运用 PIMS 系统理论，"专业的人做专业的事"，选取专业的运输公司负责运输阶段工作，确保运输的安全性、经济性。

（4）装配管理

装配是本项目管理的一个亮点环节，是对前序工作成果的检验，也是对本次创新工作成果的集中体现。项目部确定 24h 完成整个机房装配任务的管理目标，并成立装配指挥中心，对整个装配环节进行布控指挥。

本项目采用网络直播的形式，全程展示整个装配过程。为了降低各项风险因素，最大限度地减少施工过程中的不确定因素，项目部采取分阶段、定顺序、定时间、定人员的模式，细化各个施工各个环节，运用矩阵图的形式确保任何一项任务都只有一个人负责，从而避免职责不清。正因为前期的精密策划和过程中的有序组织，以及各项管理工具的成功应用，原定 24h 的装配任务缩短至 22h9min，整个装配过程紧张、有序，未出现任何质量、安全问题。这一目标的成功实施，也充分验证了 PIMS 管理方法及其管理工具的先进性以及科学性。

9.2 乌鲁木齐高铁综合服务中心指挥机房实施方案

1. 概述

（1）项目整体概况（表 9.2-1）

项目整体情况   表 9.2-1

	工程名称	乌鲁木齐高铁片区商业设施综合开发项目—北区 高铁综合服务中心机电总承包	邮编	81300
工程概况	工程地址	乌鲁木齐高铁片区	建筑面积 （m²）	97805.30m²
	本项目基地总面积为 17171m²，拟结合高铁片区核心区商业开发，建设以商业、写字楼功能为主的城市综合体，总建筑面积 97805.30m²，地上十二层、地下二层，属一类高层综合类建筑。地上建筑为 8 层办公塔楼与 4 层商业裙楼，地上建筑总面积 64855.85m²。地下为地下二层商业、超市、多厅影院、地下停车库及设备用房，地下总建筑面积 32949.45m²。			

续表

施工范围	主要分部分项工程	主要工作内容及范围
	电气	施工区域内电气工程
	给水排水	施工区域内给水、排水、雨水工程
	暖通	各单体内供暖、空调工程
	消防	施工区域内消防水、消防电工程
	动力	施工区域内热水供应系统工程、低压天然气供应系统工程
	室外	施工区域内部分室外工程
工程		本工程机电安装工程涉及给水排水、电力、暖通设施、消防、燃气、新风等多专业,作为机电工程总承包单位,需要合理地组织各专业的工序穿插工作,做好综合管线排布及深化设计,避免专业间的管线碰撞和工序倒置现象发生
特点		项目地处新疆,11月份以后至次年3月之间为冬歇期,现场无法施工,施工总工期只有11个月,施工工期紧
		机电工程系统工作内容全面:火灾报警系统、室外工程、低压燃气工程均在施工范围内

（2）结构设计特点

结构采用的设计基准期为 50 年,设计使用年限为 50 年。结构耐久性年限为 50 年,上部结构的安全等级为二级,地基基础安全等级为二级,地基基础设计等级为甲级。地下室防水等级为 P8 级,结构耐火等级为一级。本工程地下室无人防。

（3）建设地点特征

乌鲁木齐高铁片区同时施工单体较多,现场道路复杂,现场沟通协调难度大,与各单位高效沟通是项目的工作重点之一。本项目地处乌鲁木齐高铁片区,是丝绸之路上最重要的交通枢纽,高铁站建成后高铁片区将成为乌鲁木齐市的西北门户,"机场—铁路西站—北站—高铁二宫站"地区将构建新疆最大的立体化交通枢纽区域,向西北面向中亚,衔接亚欧大陆桥,随着对外开放的进展,将形成国际性的枢纽站点,如何保证工程顺利实施是项目的工作重点之一。

本项目作为乌鲁木齐新客站配套工程,工期紧,工程的按期履约对高铁站运营有积极影响,项目按期履约是项目的工作重点之一。

本项目地处乌鲁木齐,每年 11 月中旬至来年 3 月中旬,室外气温平均在 $-10℃$ 以下,室内未供暖区域气温平均在 $-5℃$ 以下（表 9.2-2）,部分工序无法正常进行,合理地组织施工工序,是项目的工作重点之一。冬季路面积雪严重,材料进场周期较长,合理编制材料计划,组织材料按需进场是项目的另一项工作重点。

乌鲁木齐基本气候情况（据 1971—2000 年资料统计）　　　　　　表 9.2-2

乌鲁木齐	1月	2月	3月	4月	5月	6月	7月	8月	9月	10月	11月	12月
平均温度（℃）	−12.6	−9.7	−1.7	9.9	16.7	21.5	23.7	22.4	16.7	7.7	−2.5	−9.8
平均最高温度（℃）	−7.6	−5.2	2.8	16.6	23.5	28.1	30.4	25.5	28.9	18.4	2.1	−5.0
极端最高温度（℃）	8.8	13.5	23.7	32.1	35.1	37.5	40.5	30.0	36.2	30.5	19.2	15.6
平均最低温度（℃）	−16.7	−14.3	−5.4	5.2	11.5	16.4	13.6	17.2	11.5	5.2	−5.0	−10.5
极端最低温度（℃）	−20.5	−20.5	−24.4	−14.9	−2.4	4.6	9.0	5.0	−0.2	−10.9	−28.1	−32.0

续表

乌鲁木齐	1月	2月	3月	4月	5月	6月	7月	8月	9月	10月	11月	12月
平均降水量(mm)	10.4	10.0	18.5	32.3	33.5	36.2	30.4	23.3	26.2	26.3	19.1	14.6
降水天数(日)	9.2	7.2	7.2	6.8	6.8	8.0	1.4	6.3	5.0	5.5	6.9	9.6
平均风速(m/s)	1.5	1.7	2.2	2.8	3.0	2.8	2.9	2.8	2.6	2.2	1.8	1.5

乌鲁木齐深处大陆腹地，属于中温带大陆干旱气候区，年平均降水量不足 200mm。乌鲁木齐春天来得迟，到 4 月上旬春天才慢慢来临，春雨占全年降水的 40% 左右，对春播及旱地作物十分有利；夏季，城郊山区山花烂漫，市区林带郁郁葱葱，尽管夏日炎炎，气候干燥，却热而不闷，而且昼夜温差大，是旅游、避暑的胜地；早秋天气环境比较稳定，天气不冷不热，温和宜人。每年 9 月下旬以后，冷空气频频袭来，气温下降迅速。10 月份昼夜温差增大。早穿皮袄午穿纱，围着火炉吃西瓜这句民谣正是乌鲁木齐深秋气候的生动写照；冬季长达 5 个月。由于天山屏障，冷空气往往滞留在盆地内，大雪飘飘，银装素裹，是乌鲁木齐冬景的一大特色，风采独具。

（4）机房工程概况

1）机房设备信息表（略）

2）制冷机房进度计划（略）

3）货运信息（略）

2. 编制依据

（1）项目合同

合同名称：乌鲁木齐高铁片区商业设施综合开发项目—北区高铁综合服务中心机电总承包工程合同。

（2）建筑地区的自然条件和技术经济条件项目地处新疆，12 月份以后至次年 3 月之间为冬歇期，现场无法施工。

（3）工程位置较偏远，物资种类较少，部分新型材料需从疆外订购，采购周期较长。

（4）设计图纸

根据设计研究院提供的相关专业设计图纸。

（5）政策法规（表 9.2-3）

政策法规　　　　　　　　　　　　　　　　　表 9.2-3

序号	名称	编号
1	《建设工程质量管理条例》	国务院令第 279 号
2	《建设工程安全生产管理条例》	国务院令第 393 号
3	《安全生产许可证条例》	国务院令第 397 号
4	《工程建设标准强制性条文》	建设部建标[2009]
5	《中华人民共和国建筑法》	国家主席令第 91 号
6	《中华人民共和国合同法》	国家主席令第 15 号
7	《中华人民共和国安全生产法》	国家主席令第 70 号
8	《中华人民共和国环境保护法》	国家主席令第 22 号

（6）图集、规范标准（表 9.2-4）

图集、规范标准　　　　　　　　　　表 9.2-4

序号	图集编号	统一编号	图集/标准规范名称
1	新 12S2	DBJT 27-126-12	《给水工程》
2	新 12S3	DBJT 27-127-12	《室外排水工程》
3	新 12S6	DBJT 27-130-12	《消防工程》
4	新 12S8	DBJT 27-132-12	《室外给排水管道附属构筑物》
5	新 12N1	DBJT 27-121-12	《供暖工程》
6	新 12N2	DBJT 27-122-12	《通风与空调工程(风管、水管、配件)》
7	新 12N3	DBJT 27-123-12	《管道及设备绝热防腐》
8	新 12N4	DBJT 27-124-12	《室内管道支架吊架》
9	新 12D3	DBJT 27-135-12	《电力线路敷设安装》
10	新 12D6	DBJT 27-138-12	《防雷与接地工程》
11	XJJ024—2005	J10728—2006	《建筑给水排水及采暖工程施工工艺标准》
12	XJJ025—2005	J10729—2006	《建筑电气工程施工工艺标准》
13	XJJ026—2005	J10730—2006	《通风与空调工程施工工艺标准》
14		GB 50166—2019	《火灾自动报警系统施工及验收标准》
15		GB 50168—2018	《电气装置安装工程 电缆线路施工及验收标准》
16		GB 50169—2016	《电气装置安装工程 接地装置施工及验收规范》
17		GB 50219—2014	《水喷雾灭火系统技术规范》
18		GB 50242—2002	《建筑给水排水及采暖工程施工质量验收规范》
19		GB 50141—2008	《给水排水构筑物工程施工及验收规范》
20		GB 50243—2016	《通风与空调工程施工质量验收规范》
21		GB 50261—2017	《自动喷水灭火系统施工及验收规范》
22		GB 50263—2007	《气体灭火系统施工及验收规范》
23		GB 50268—2008	《给水排水管道工程施工及验收规范》
24		GB 50151—2021	《泡沫灭火系统技术标准》
25		GB 50303—2015	《建筑电气工程施工质量验收规范》
26		GB 50601—2010	《建筑物防雷工程施工与质量验收规范》
27		GB 50738—2011	《通风与空调工程施工规范》
28			《简明建筑施工计算手册》

（7）公司管理手册

1）《中建三局机电公司（安装事业部）管理手册》；

2）《给排水施工工艺手册》；

3）《电气施工工艺手册》；

4）《暖通施工工艺手册》；

5）《机电质量细部做法样板图册》。

3. 目标

（1）管理目标

1）安全目标

无重大安全事故，轻伤控制在1.5‰以内。

2）质量目标

达到安装之星及鲁班奖验收标准。

（2）技术目标

1）设计目标

出装配图纸。

① 满足机械制图规范的要求。

② 出具平面图、剖面图、三维图、详图等。

③ 引入模数及模块概念。

④ 出自动控制图纸。

2）预制目标

① 预制精度达到各类质量验收规范。

② 装配时间小于24h。

3）智慧机房

① 节能：

节能的主要形式有路由优化，利用顺水三通、减少翻弯等减少局部阻力。更改原设计，尝试利用更节能的系统形式，通过制冷机启停、水泵启停减少主要耗能侧的能源消耗和大学、厂商联合进行开发。

② 智能运维：

制冷机房设置集成指示标识、操作流程（二维活码）、说明书。

设置备品备件柜、提供维修机械。

优化运维操作空间、舒适度。

静声：减少噪声污染，提高用户使用体验。

③ 信息监控（图9.2-1）。

包含启停状态、运行参数、能耗数据（用电、用水），构件信息跟踪（二维码）。

④ 能耗分析实现数据记录功能，便于后期对比。

⑤ 动态控制：

阀门开关、机组启停、关于制冷机房设备启停使用方案。

（3）成果目标

1）形成智慧机房施工工法。

2）总结制冷机房整体预制施工过程。

3）争取形成地方性标准。

4）获取地方性科技进步奖。

（4）社会效益

通过网络全程直播、当地媒体（电视台、纸媒、网络）进行宣传，提供一种制冷机房施工方式，推进地区乃至整个安装行业整体预制施工发展。

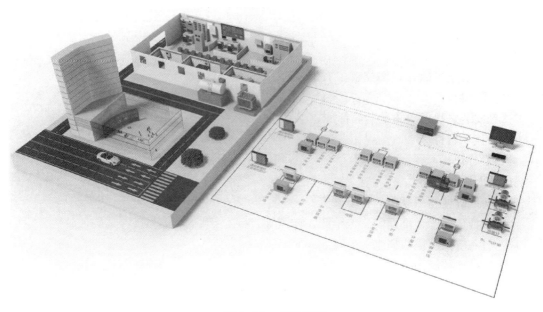

图 9.2-1　信息监控

组织构架（图 9.2-2）。

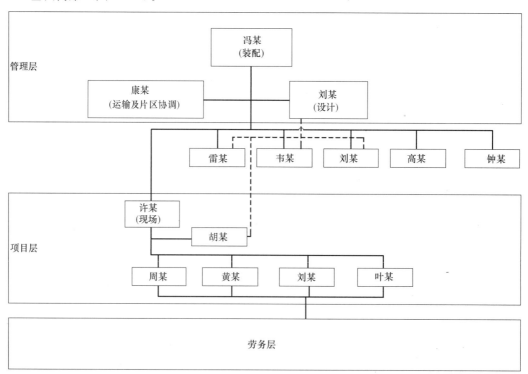

图 9.2-2　组织构架

4. DPTA 阶段

（1）D——深化设计阶段

1）平面布局

进行原系统设计的优化，考虑设备就位、运输路线、检修空间等。

2）智慧机房

① 整体要求：制冷机房自控配置达到无人值守标准，机房内必须具备制冷系统远程控制装置及就地 DDC 控制柜，且必须具备并入楼宇自控系统条件，以满足对整个大楼制冷系统运行工况的自动监测与调度。

② 控制形式：对众多分散组合式空调机组的运行、安全状况、能源使用情况及节能管理达到集中监视、管理与分散控制。可以根据调节参数的实际值与给定值的偏差，用专用的仪表设备（由各种传感器、执行调节机构和调节器等组成的控制装置）代替人的手动操作来调节控制各参数的偏差值，使之维持在给定数值的允许范围内。

③ 节能运行：根据相关采集数据（温度，流量，压力等）及建筑系统或者末端负荷大小，优化冷水机组、冷却泵组和冷水泵组运行台数和组合，合理安排设备的开停顺序和运行台数，以实现系统节能运行的目的；水泵以及制冷机组的保护策略。

④ 用户操作界面：用户界面具有高分辨率的彩色图像，允许操作者在各设备间移动，观看控制过程。图像显示给出了被监视系统的视觉显示，允许用户迅速检查状态并识别异常情况。这些图像也许包括动画效果，例如表现风扇和泵的状态的旋转符号，模拟计量表以及表示模拟点数值的条形符号。

⑤ 数据统计、分析：实现对系统设备的各项参数进行统计存储，针对重要参数进行筛选，并生成直观、简单的趋势分析报表，用户可以根据自己的权限调取设备的运行趋势，为客户提供直观简单的数据凭据，分析设备的运行效率和状态，帮助进行决策判断。

统计计算：制冷机房年能效比＝冷水机房输出冷量/系统耗电量（制冷机＋冷水泵＋冷却水泵＋冷却塔＋其他耗电量）。

⑥ 状态显示、记录，报警：打印制冷机房所有设备运行状态显示、故障报警、启停及运行时间记录，瞬时耗冷量及累计耗冷量记录，冷水供回水温度、压力、压差及流量显示记录，冷却水供回水温度显示及记录，冷却水供回水温度高温报警，各种控制阀门的阀位显示，设备运行累计小时数及记录。

⑦ 智能管理：以 APP 形式，可以实现移动操作控制功能（通过互联网或者手机 SIM 卡）。可以设置数据管理服务器将事件和交易信息发送到手机客户端，实现客户第一时间收到现场设备的故障报警信息，以便实时高效地发布处理指令。

⑧ 运行维护：检测各设备的状态与主要运行参数，并提供实时报警给中央监控中心；记录各设备运行参数与时间，自动提供各设备的维护提示等，包括维护方案比选、维护人员信息提示、维修通信联系等（自动发送短信给指定维修人员）。

⑨ 故障分析判断：通过检测压力，流量，温度，安装及维修时间，自动分析判断故障发生可能性的优先顺序。如过滤器的清洗，阀门的更换，水泵检修保养。

⑩ 机房环境检测：检测机房的温度，湿度，通过焓湿图分析露点温度，控制通风机，除湿机的运行。检测水泵噪声，通过历史数据，预判断水泵故障，控制水泵运行。以及门禁设施，监控设施。

⑪ 不同层级的响应次序：比如正常情况下的一键启动，存在某些次要因素下的正常手动启动，紧急情况下的预警处理顺序，正常停机，停电停机，水泵故障停机，冷机故障停机。

（2）P——预制加工阶段

1）装配图。

进行管段分段编码，并进行材料统计，并配明细表说明。

2）零部件编码。

3）标识标牌（图9.2-3）。

图9.2-3　管道标识及设备标识牌

4）质检要求（表9.2-5）。

质检要求 　　　　　　　　　　　　　　　　　　　　　　表9.2-5

需用仪表	单位	技术要求	数量	使用
常规性测量工具				
低压照明灯	个	不低于100W，带保护罩及配套变压装置	2	漏光试验
单相三极插座漏电开关检测器	个		3	插座接线
红外线水平仪	台	5线	1	室内或光照不强区域内标高测定、放线
红外线遥测温度仪	台	−20～100℃	1	表面温度测定
手持红外线测距仪	台	测量范围0.05～200m，精度±1.0mm	1	标高及距离测定
秒表	个		1	计时
卷尺	把	7.5m	1	长度测定
水平尺	把	采用铝合金方管型，要求使用精度较高的产品，市场大多产品精度不够	1	水平度测定
水准仪	台	配三脚架、塔尺，塔尺长度3.0m	1	标高测定
温度计		−20～100℃		温度测定
线	卷	长度25m以上，采用尼龙材质，不易断，线长方向延伸较小	1	管道安装平直度测定

续表

需用仪表	单位	技术要求	数量	使用
线坠	把	全长5m以上	1	垂直度测定
游标卡尺	把	电子式150mm，0.1mm	1	厚度测定
千分尺（螺旋测微仪）	把	0.01mm	1	厚度测定
楔形塞尺	把	0～15mm，0.1mm	1	设备安装水平度测定，常用于内径、孔径、间隙测试
兆欧表	个	1000V	1	电阻测定
扭力扳手	把		1	螺栓扭力测定

对预制加工的零部件依据公司管理要求进行查验，不合格的不予装配使用。

5）预装配在加工厂各构件完成预制加工后，根据装配图纸进行模块的预装配（图9.2-4）。

主楼冷水泵（大）入口预制段

管径：DN250。
重量：450kg。
附件：蝶阀、过滤器、软接头。
蝶阀品牌：开维喜。
过滤器：Y形过滤器。
软接头：橡胶软接头。
水泵：LF60157、CHP-1、CHP-2、CHP-3、CHP-4。
相同管段：4段CHP-1-1-1(14)、CHP-1-2-1(16)。

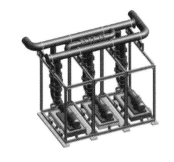

辅楼冷却泵组

尺寸：3170mm×4440mm×3680mm(高)。
重量：8t。
水泵型号：LF60123。
水泵台数：3台(CWP-7 CWP-8 CWP-9)。
预制段：4-I 3段，4-O 3段。
水泵管径：DN250。

图9.2-4 预装配

（3）T——模块运输阶段

1）成品保护

固定、防振、防磕碰。

2）打包

预装配完成后进行拆分，按模块编码，构件顺序进行整理。

3）装车（图9.2-5）

机械：叉车、吊车。

方式：车辆承载重量分配。

4）运输

① 场外运输：拟采用公路运输或铁路运输，联系物流公司（图9.2-6）。

② 场内运输：叉车、自制运输工具等（图9.2-7）。

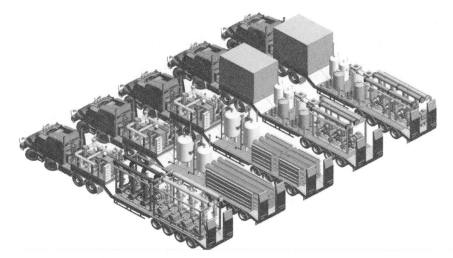

图 9.2-5　装车

图 9.2-6　场外运输

图 9.2-7　场内运输

③ 吊装

利用小型吊车（图9.2-8）。

图9.2-8 吊装

（4）A——整体装配阶段

1）装配顺序。

2）测量放线（图9.2-9、图9.2-10）。

图9.2-9 测量放线（一）

图9.2-10 测量放线（二）

利用经纬仪与红外线、墨盒进行放线。

3）装配机械使用。搬运小坦克运输，充分利用现有成熟机械进行运输，减少人工投入。

4）组对（图9.2-11）

(a)

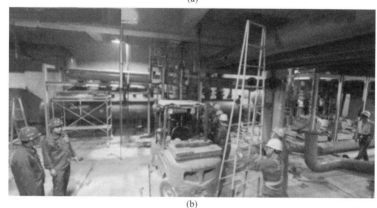

(b)

图9.2-11　组装

5）调平

机组调平可根据设备的具体外形选定测量基准面，用水平仪测量，拧住地板上的螺栓进行调整，机组纵向、横向的水平偏差均不大于1/1000。特别注意保证机组的纵向（轴向）水平度。

5．保障措施

（1）参与研发单位

拟联合的研发单位有制冷机组厂商、水泵厂商、配电箱厂商、弱电公司、火灾报警专业公司、西北某建筑设计院、新疆某建筑设计院、长安大学、新疆大学。

（2）建立推进会制度

在设计、预制、运输阶段每周开展一次进度推进会，保障各项工作按期进行。在装配阶段每天开展进度推进会，解决装配过程中的问题，总结并收集当天装配过程中的资料。

（3）对外协调机制

对外协调主要包含与参办研发单位的协调、经理部内部协调、项目内部协调、作业面相关单位的协调。

（4）资料管理

设专人对整体预制装配过程资料进行收集，包含影像资料、会议纪要、施工日志、宣传资料等，并设置公用文件夹，每天进行资料更新。

6. 实施计划（表 9.2-6）

实施计划　　　　　　　　　　　　　　　　　　　　表 9.2-6

调研	设计	预制	运输	装配
4月13日～4月18日	4月19日～5月26日	5月27日～6月30日	7月1日～7月15日	7月16日～7月21日

9.3　西安国际医学中心项目制冷机房 DPTA 实施方案

1. 制冷机房概况

西安国际医学中心制冷站，位于 10 号动力中心地下二层，占地面积约 $3800m^2$。层高 7.00m，最大梁高度 800mm，柱外边间距 6.5m。制冷机房模型见图 9.3-1，涉及的主要设备见表 9.3-1。

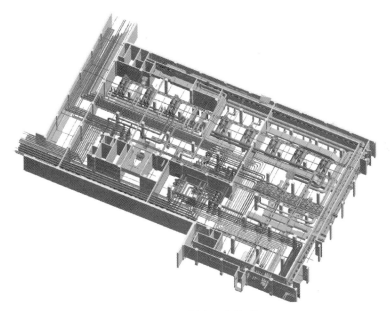

图 9.3-1　制冷机房模型

制冷机房主要设备统计表　　　　　　　　　　　　　表 9.3-1

序号	名称	设备编号	型号参数	数量（台）	功率
1	制冷机	CH-B2-01～05	2200Ton	5(4)	7737kW
2	制冷机	CH-B2-06～08	1300Ton	3(2)	4572kW
3	冷水泵	CHWP-B2-01～06	$28mH_2O$；$1050m^3/h$	6	110kW
4	冷水泵	CHWP-B2-07～10	$43mH_2O$；$630m^3/h$	4	110kW

序号	名称	设备编号	型号参数	数量（台）	功率
5	冷却水泵	CWP-B2-01～06	$27mH_2O$；$1700m^3/h$	6	200kW
6	冷却水泵	CWP-B2-07～10	$28mH_2O$；$1100m^3/h$	4	110kW
7	冷水二次泵	CHWP-11～12、15～16	$28mH_2O$；$820m^3/h$	4	30kW
8	冷水二次泵	CHWP-13～14、17～18	$35mH_2O$；$820m^3/h$	4	110kW
9	冷水二次泵	CHWP-B2-19～24	$35mH_2O$；$520m^3/h$	6	90kW
10	冷水二次泵	CHWP-B2-25～26	$32mH_2O$；$282m^3/h$	2	37kW
11	分、集水器	—	$D=1000mm$，$L=7250mm$	2	—
12	分、集水器	—	$D=800mm$，$L=6350mm$	2	—
13	分、集水器	—	$D=900mm$，$L=6200mm$	2	—
14	分、集水器	—	$D=700mm$，$L=5000mm$	2	—
15	稳压	CPT-B2-01	总容 8600L	1	—

涉及的各类阀门约 1600 个，大小管道约 6000m。

2. 设计

（1）人员配置计划

为保证本项目的总体工期节点目标，需要对制冷机房采取工厂化预制施工技术，进而要求本项目在设计力量投入方面较一般项目有较大倾斜。根据整个设计周期，需投入深化设计及 BIM 工程师 6 名，由 BIM 中心与项目技术人员共同完成深化设计任务。具体工作内容及人员配置如表 9.3-2。

具体工作内容及人员配置 表 9.3-2

深化阶段	深化内容	人员配置	节点
第一阶段	模型初建阶段：基础翻模、系统与平面图纸核对、图纸问题统计、设计问题反馈	翻模人员：4 人；图纸系统核查：2 人	9 月
第二阶段	方案制定、按照原设计的初步方案排布	方案制定：2 人；整体排布：2 人；细节排布：2 人	9 月
第三阶段	模型细化阶段：设备参数、阀门等厂家尺寸修改	族的修改：2 人；模块修改：2 人；整体布置：2 人	10 月
第四阶段	方案对比排布阶段：专业整体排布、模块排布、方案修改、支架设计与校核	方案对比整体排布：2 人；模块排布：2 人；支架设计与校核：2 人	11 月
第五阶段	实施方案修正阶段：整体排布细节：排水沟、设备位置、检修空间、阀门位置、高度、模块支架形式等	整体排布细节修改：2 人；模块细节修改：2 人；支架形式修改：2 人	12 月
第六阶段	预制准备阶段：模块分段方案、支架形式确认	模块细化：2 人；支架细化：2 人；整体排布：2 人	12 月
第七阶段	出图阶段：模块预制图纸、整体装配图纸	模块：3 人；其他：2 人；总预制说明：1 人	1 月

（2）软硬件配置

硬件：高性能台式机 6 台，打印机 1 台，投影仪 1 台。

软件：Cad2014 版、天正暖通、revit2017 版、受力分析软件 SolidWorks。

（3）出图计划（表 9.3-3）

出图计划 表 9.3-3

出图阶段	出图内容	图纸用途	时间节点
第一阶段	方案性图纸	用于设计院方案确认及评审	2018 年 12 月 6 日
	深化设计说明、平面布置图、模块图、排水沟、设备定位图		
第二阶段	模块预制图纸	用于加工厂模块预制加工	2018 年 12 月
	集分水器模块、泵组模块 3 种类别预制图、集分水器模块 4 组预制图、机组前管道预制图、主要通道管道及支架整体预制图（包含模块运输分解图）	首先完成集分水器模块预制图纸（12 月 12 日），其余按顺序出具	
第三阶段	整体预制装配图纸	预制和现场装配	2019 年 1 月
	机房平面布置图、运输及检修通道图、模块分布图、运输次序图、安装顺序图、其他专业风、给水排水、电气深化图纸出图		

（4）主要设计方案

在深化设计前期充分理解设计意图，深入领悟设计原理，分析原设计平面布置的优缺点，在不改变系统的情况下，遵循设计原理，结合建筑结构和项目特点，不断进行方案对比，找到最合适的排布方案。

1）原设计特点

建筑结构特点：制冷机房位于地下二层，主要通道最大梁为 800mm，梁底标高 6.2m，柱中心间距 7.2m 机房建筑布局呈 L 形，吊装口在机房东侧。L 形对机房设备的布置具有一定的局限性，吊装口的位置也影响设备的布置，在布置时不能挡住吊装和运输通道，特别是大型设备冷机的位置。

空调水特点：

两个系统，分别为舒适性空调系统和净化空调系统。舒适性空调系统主要由北侧 5 台冷机、6 台冷却泵、6 台一次冷水泵、2 组二次冷却泵 16 台及对应的集分水器组成。净化空调系统主要由 3 台冷机、2 台板式换热器（与冷机并联）、冷却泵 4 台、冷水泵 4 台及对应的集分水器组成。

舒适性空调冷水系统采用二级泵系统，即一级泵定流量，冷水一级泵 6 台（5 用 1 备）。两个分水器上连接二级泵变流量系统。医学中心舒适性空调水系统分 4 个运行环路，设置 8 台二级泵（4 用 4 备），康复医学中心舒适性空调水系统分 4 个运行环路，按照 A、B、C、餐厅四座楼，设置 8 台二级泵（4 用 4 备）。净化空调冷水系统采用一级泵系统定流量，配置 4 台冷水泵（3 用 1 备），末端变流量系统。在分集水器之间设置压差控制装置及旁通管，保证系统压差恒定及控制流量。

其他专业特点：风管大、给水排水、消防专业管道较小、桥架有整排进入配电机房。风管大，风管的路径在排布过程中可以调整，这就要求在大型管道位置尽量避免风管的穿插，以免影响整体标高。给水排水与消防水专业管道较小，可以布置在梁底一层空间内。

原设计机房冷机布置靠北侧一排，所有泵单层分散平铺，满足系统要求，缺点是设备布置散不集中，管线不平齐，通道不能保证，如图9.3-2所示。

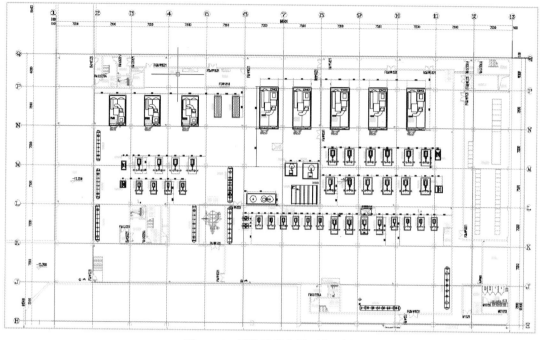

图9.3-2　原设计设备平面布置图

2）整体优化排布：在整个机房的深化排布中考虑各个专业，以空调水专业为主要深化专业。将给排水、消防水专业布置在梁底一层的空间内，风管路径与原设计基本一致，局部微调。桥架布置空调水管上层，整排位置微调。整体布置与空调水专业布置如图9.3-3、图9.3-4所示。

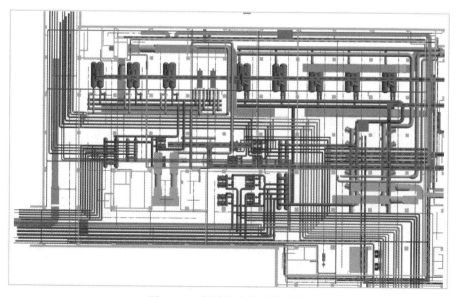

图9.3-3　制冷机房综合平面图

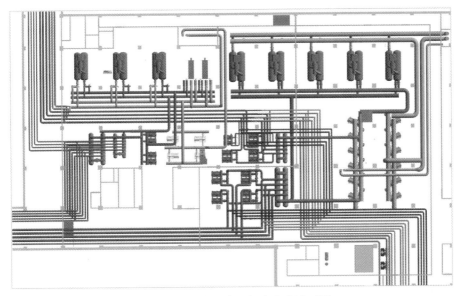

图 9.3-4 制冷机房空调水专业平面图

冷机：原设计冷机及板式换热器位置不变，左右前后微调；

泵组：泵组全部设计为单层泵组，机房泵有卧式双吸泵、卧式单吸泵两种形式，根据系统连接形式的不同共组成3种形式的泵组，20个泵组模块。泵组模块根据系统就近布置连接布置。

舒适性空调系统的6台一次冷水泵（3组）、6台冷却泵（3组）布置在冷机南侧 M-K/9-11 轴两柱跨中间。泵电机朝外，便于检修，头对头中间留有4m的操作及检修通道。

二次泵组及集分水器组合模块共2组与冷水泵顺序连接，节省管道。

净化空调冷水泵4台2组布置在净化空调冷机南侧，如图 9.3-5 所示。

净化空调冷却泵4台4组布置在净化空调冷机南侧。

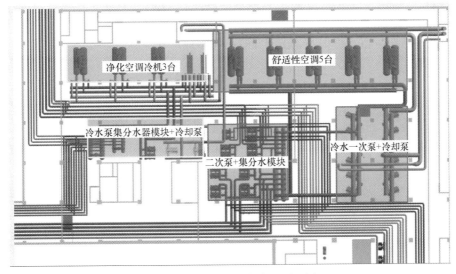

图 9.3-5 空调水设备布置平面图

集分水器：两个一组，共4组，与泵组对应就近布置。

通道布置：排布完成后主要通道为一跨柱间距，保证前期和后期的设备运输通道，通道保证检修操作空间、设备运输路线、人员通行通道，预留一台舒适性空调冷机和净化空调冷机位置，机房通道布置及标高平面图见图9.3-6。

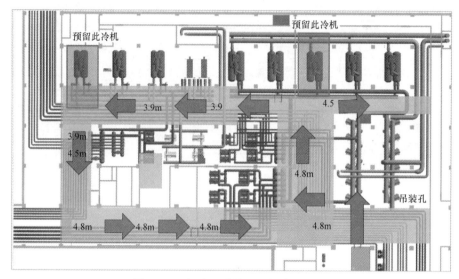

图9.3-6　机房通道布置及标高平面图

整体排布依据制冷机房原理图、平面图，设备规整集成，管线路由平直集约空调水管道排布：保证管线平齐、规整，减少转弯和翻弯，保证标高和人行通道、检修空间。考虑各设备衔接顺序：如冷水泵→集水器→二次水泵，各设备布置在空间允许的情况下，保持既定顺序。优点是管路清晰，管道成排成线，阻力减少。

3）模块设计

为保证前期安装设备运输通道，后期设备（2台冷机）运输通道和项目的物流通道以及工期的要求，机房采用模块设计。主要模块类型有：管线为冷机前标准管段模块、泵组模块和集分水器模块。管线模块在常规深化设计的基础上采用标准段的做法设计，泵组模块采用单层多泵组成形式，集分水器模块采用集水器、分水器成组形式。

① 管线模块

第一种：冷机、板式换热器进出口标准管道模块。

使用位置：5台舒适型空调冷机、3台净化空调冷机以及2台板式换热器进出口。

模块设计要点：保证阀门靠通道水平成排布置，便于操作。支管与主干管在上方连接，保证美观和标高，图9.3-7为冷机进出口管段三维图。

第二种：通道主管道与联合支架整体模块。

使用位置：净化空调前主要通道。

设计要点：空调水管与风管如图9.3-8所示，采用联合支架，空调水管带支管接口整体预制。

② 泵组模块

泵组模块共三种形式，均为单层泵组，如图9.3-9所示。

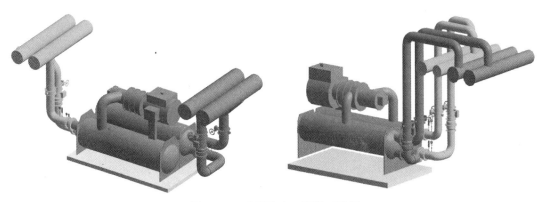

图 9.3-7　冷机进出口管段三维图

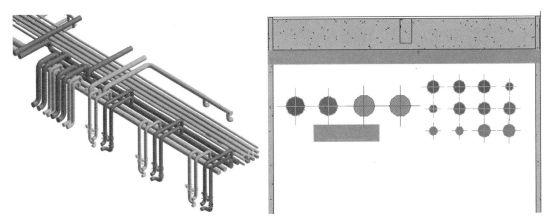

图 9.3-8　通道管线三维图及剖面图

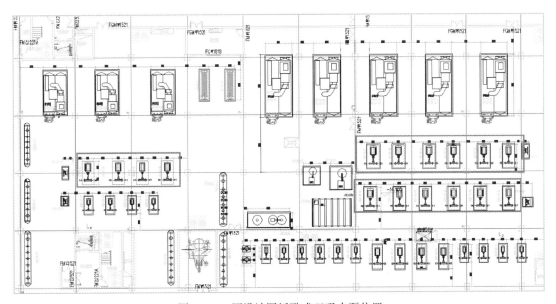

图 9.3-9　原设计图纸卧式双吸水泵位置

第一种：卧式双吸泵2台泵组模块形式。

使用位置：用于舒适性空调冷水一次水泵6台3组，冷却水泵6台3组，共计使用该模块泵为12台。

双吸泵设计要点：设计两台水泵一个模块，每台水泵斜30°放置。节省安装空间，方便检修运维，接管路径短，运行阻力小。水泵组设计不仅能够满足批量化工厂预制，而且在满足运输条件的情况下，大大提高了装配效率。支架体系采用撬块式设计，支架内部全部采用三角形结构，防止在水平牵引过程中变形，四角设计运输吊耳，满足水平牵引运输以及垂直吊装运输；阀门、管件、压力表安装朝向和高度保持一致，整齐美观，方便运维操作。立管弯头支撑处采用法兰连接，法兰中间增加垫木，不仅可以防止冷桥引发结露腐蚀型钢，还方便拆卸检修。水泵进出口设计排水管，方便水泵检修过程中排水。泵组模块集成强电桥架，整体美观，避免多专业交叉施工。泵组单独集成照明系统，避免管道遮挡光线。泵组集成运维管理，叠加累计水泵运行管理信息。型钢支架采用工20号工字钢及匚20号槽钢组成，模块长6.29m，宽3.24m，高4.06m（图9.3-10、图9.3-11）。

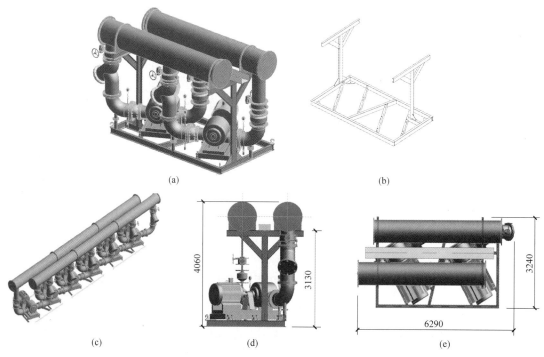

图9.3-10　卧式双吸泵组模块（2台）三维图与尺寸图

第二种：卧式双吸泵1台泵组模块形式。

使用位置：用于舒适性空调冷却泵，因空间及接管限制，此处的卧式双吸泵一台一个模块，4台泵共计4组（图9.3-12）。

设计要点：卧式双吸泵单台泵进出管出口接变径软接后上翻接主管，单台泵组由泵、泵进出口管道及支架体系、泵惰性块组成。型钢支架采用工、20号工字钢及匚20号槽钢组成，支架底座根据泵组大小设计。模块整体长2.2m，宽3.3m，高3.3m。4台泵组分2排布置，泵组一正一反，错开布置，节省空间，同时便于支管接主干管（图9.3-13、图9.3-14）。

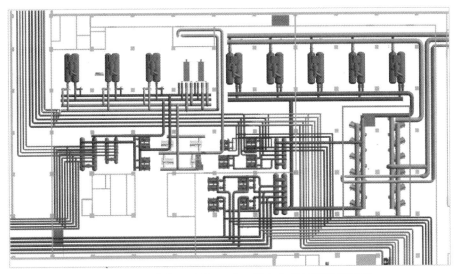

图 9.3-11　卧式双吸泵（2 台）排布完成后平面布置图

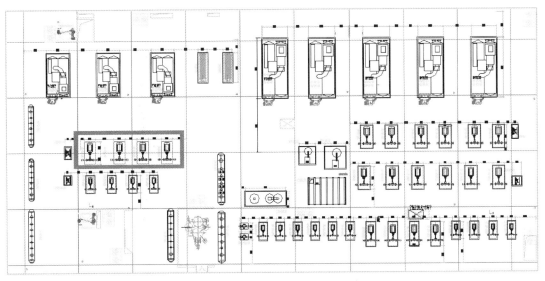

图 9.3-12　原设计图纸卧式双吸泵位置

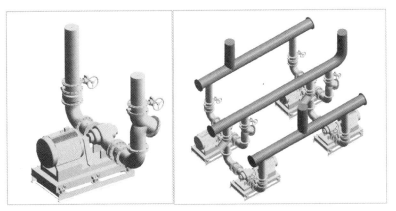

图 9.3-13　卧式双吸泵组（1 台）模块三维

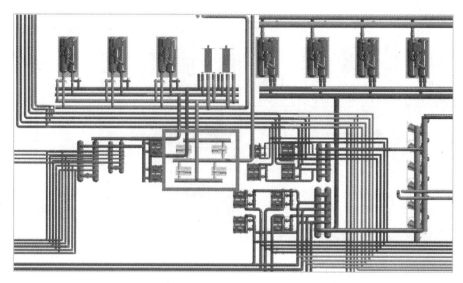

图 9.3-14　卧式双吸泵（1 台）排布完成后平面布置图

第三种：卧式单吸泵模块形式。

使用位置：用于舒适性空调冷水二次泵组，共 16 台，一备一用 2 台一组；共计 8 组，用于净化空调冷水泵组，共 4 台，2 台一个模块共 2 组。卧式单吸泵组模块共计 10 组（图 9.3-15）。

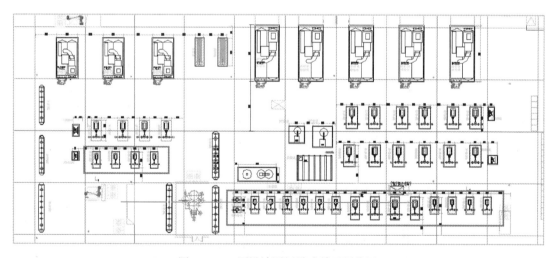

图 9.3-15　原设计图纸卧式单吸泵位置

设计要点：2 个泵组成一个模块，模块与集分水器衔接形成一个整体，集约设备，减少管道多余路由。支架分为底座和主干管支撑体系，使用型钢为工 16 号工字钢，支架如图 9.3-16、图 9.3-17 所示。模块根据单吸泵尺寸不同而不同，最大的单吸泵组模块长3.2m，宽 2.7m，高 3.3m。

③ 集分水器模块

使用位置：用于舒适性空调集分水器 4 台和净化空调集分水器 4 台（图 9.3-18）。

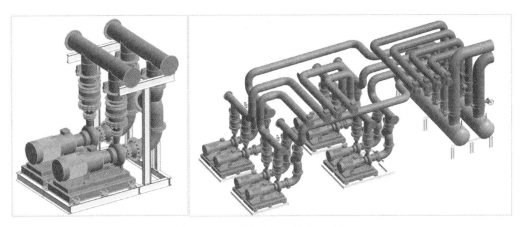

图 9.3-16 卧式单吸泵模块三维图

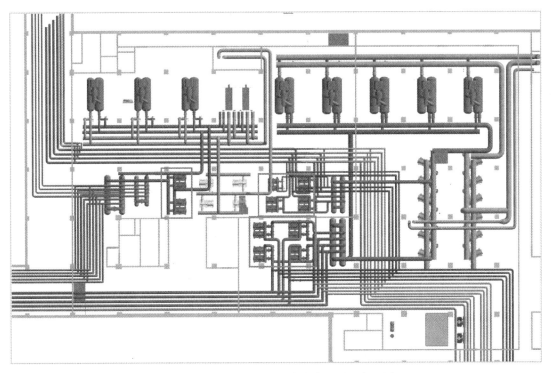

图 9.3-17 卧式单吸泵排布完成后平面布置图

设计要点：原设计集分水器分布较散，根据系统原理图，考虑到集分水器与其泵是一一对应的，且集水器与分水器之间是需要连接的，故将集分水器布置在一起，支架考虑整体支架，同时整体集分水器模块与泵组尽量就近布置，减少管路减少阻力，使整个机房更加简约。集水器与分水器中间不留检修通道，检修通道预留在两侧，连通管可直接连接（图 9.3-19～图 9.3-21）。

机房在整个排布过程中采用模块设计、设备布置采用就近原则，减少管线的多余路径。

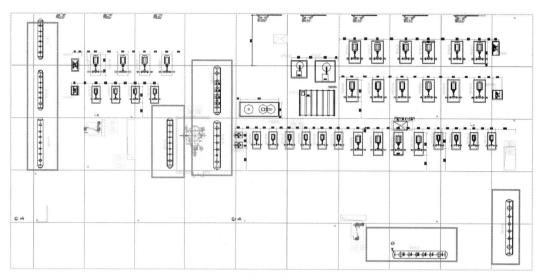

图 9.3-18 原设计图纸及分水器位置

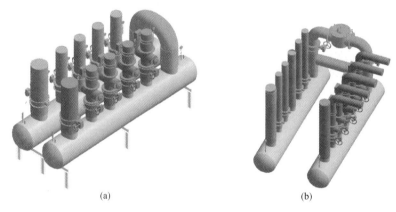

(a) (b)

图 9.3-19 集分水器模块三维图

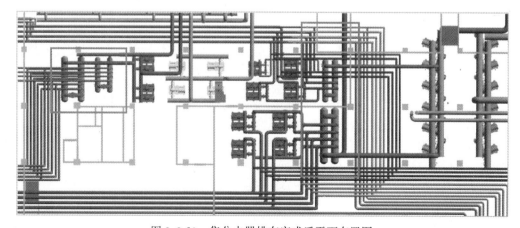

图 9.3-20 集分水器排布完成后平面布置图

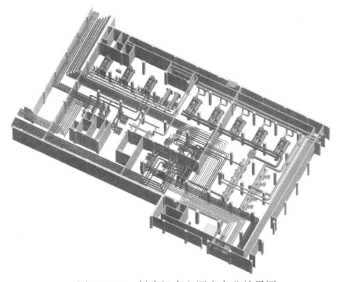

图 9.3-21　制冷机房空调水专业效果图

4）支架受力分析及校核

根据模块支架形式，计算支架的动静荷载，利用软件进行受力校核（图 9.3-22）。

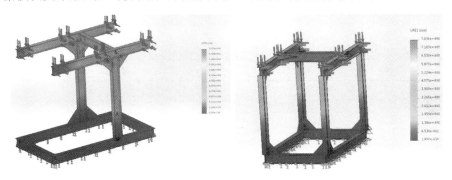

图 9.3-22　支架受力分析及校核

5）后期运维检修

在阀门安装位置较高时采用链轮式阀门，操作人员下部使用链条进行控制（图 9.3-23）。

图 9.3-23　后期运维检修

3. 预制

（1）工程量概况

根据施工图纸及深化设计方案，该制冷机房需要进行预制加工的工程内容主要包括模块预制加工、设备加工、综合管线预制加工等主要工作内容，相关信息统计如下。

1）模块预制加工（17个模块）（表9.3-4）

预制模块加工（17个模块）　　　　　　　　表9.3-4

序号	区域	系统	模块个数	设备台数	型钢尺寸
1	净化（康复）	冷水	1	分集水器各1台	工16号工字钢
2	净化（国医）	冷水	1	分集水器各1台	工16号工字钢
3	净化	冷水	1	水泵4台	工20号工字钢
4	净化	冷却	2	水泵2台	工20号工字钢
5	舒适（康复）	冷水二次	1	水泵4台	工20号工字钢
6	舒适（康复）	冷水二次	1	水泵4台	工20号工字钢
7	舒适（康复）	冷水	1	分集水器各1台	工16号工字钢
8	舒适（国医）	冷水二次	1	水泵4台	工20号工字钢
9	舒适（国医）	冷水二次	1	水泵4台	工20号工字钢
10	舒适（国医）	冷水	1	分集水器各1台	工16号工字钢
11	舒适	冷水	3	水泵2台	工20号工字钢
12	舒适	冷却	3	水泵2台	工20号工字钢

2）设备加工（8台分集水器）（表9.3-5）

设备加工（8台分集水器）　　　　　　　　表9.3-5

序号	名称	筒体直径	长度	接口数	系统编号
1	分水器	DN1000	7250	6	WDH-1
2	集水器	DN1000	7250	6	WCH-1
3	分水器	DN800	6350	7	WDH-2
4	集水器	DN800	6350	7	WCH-2
5	分水器	DN900	6200	6	WDH-1
6	集水器	DN900	6200	6	WCH-1
7	分水器	DN700	5000	6	WDH-2
8	集水器	DN700	5000	6	WCH-2

3）部分管段预制（表9.3-6）

部分管段预制　　　　　　　　表9.3-6

序号	部位	管径	序号	部位	管径
1	净化冷机冷水干管	DN450	8	舒适冷机冷水干管	DN700
2	净化冷机冷却干管	DN500	9	舒适冷机冷却干管	DN700
3	净化冷机冷却立管	DN350	10	舒适冷机冷却立管	DN450
4	净化冷机冷水立管	DN300	11	舒适冷机冷水立管	DN400
5	板式换热器一次侧立管	DN350	12	舒适冷却泵组干管	DN800
6	板式换热器二次侧立管	DN500	13	舒适冷冻泵组干管	DN700
7	净化冷却泵组干管	DN800			

由上述工程量概况统计可知，现有常规的人、材、机配置已无法满足工期需求，为此采取利用公司加工中心，结合在项目现场搭建临时加工预制中心的办法，两个"中心"同时施工，协同作业，以满足现赶工需求。为此同步加大在劳动力、机械设备等资源方面的

投入，并采取必要的保障措施，具体计划安排见以下章节。

（2）人员投入计划（表9.3-7）

人员投入计划   表9.3-7

序号	人员	数量（人）	投入时间段	主要工作内容
1	管理人员	12	设计—装配	方案策划、图纸设计、物资协调、质量安全把控等
2	劳务带班人员	2	预制、装配	加工中心、项目现场各1名
3	专职安全员	2	预制、装配	加工中心、项目现场各1名
4	焊工	20	管线预制加工	焊接作业
5	管道工	28	预制加工	管道下料、组对等
6	机械工	8	预制加工；装配	自动焊接、切割等设备操作
7	普工	28	预制加工；运输	除锈打磨，协助组对
8	合计	100	—	—

（3）材料投入计划（表9.3-8）

材料投入计划   表9.3-8

序号	材料类型	数量	处理方式
1	管道	按照实际加工模块	紧急采购
2	管件	按照实际加工模块	紧急采购
3	阀门	按照实际加工模块	紧急采购
4	法兰、螺栓、垫片、垫木、油漆、抱箍、弹簧	按照实际加工模块	紧急采购
5	生产耗材（二氧化碳、氧气、乙炔、焊丝、焊条、带锯条、切却液、切割片、打磨片、钻头、钢丝刷）	按照实际生产需求	紧急采购
6	焊割耗材（电极、保护嘴、割枪、导电嘴）	按照实际生产需求	紧急采购
7	其他	上述未提及材料	紧急采购

（4）机械配置计划（表9.3-9）

机械配置计划   表9.3-9

序号	名称	用途	数量	适用规格	使用台班数
1	管道除锈机	管道外壁除锈	3台	700mm以下	按照实际生产统计
2	相贯线	管道切割	2台	700mm以下	按照实际生产统计
3	自动焊	管道焊接	3台	700mm以下	按照实际生产统计
4	等离子切割	钢板切割	3台	16mm以内	按照实际生产统计
5	组对中心	管道对接	2台	600mm以下	按照实际生产统计
6	带锯床	型钢切割	2台	各种规格型钢	按照实际生产统计
7	火焰割枪	型钢、钢板切割	2把	各种型号	按照实际生产统计
8	二氧化碳保护焊机	型钢、钢板焊接	10台	各种型号	按照实际生产统计
9	电弧焊机	型钢、钢板焊接	10台	各种型号	按照实际生产统计
10	其他工具	角磨机6部、磁力钻3台、台转3台、手枪钻4部、红外放线仪4部			

（5）预制加工管理

1）加工中心预制加工

按照加工中心成套的管理流程及生产流程执行，相关管理措施及方法如表9.3-10所示。

管理措施及方法　　　　　　　　　　　　　　表 9.3-10

序号	名称	内容
1	生产管理流程	设计→审核确认→出图→试验加工→批量加工 　　　　　　　↘材料计划↗
2	生产管理办法	(1)预制加工责任人制度； (2)工人管理工件考核制度
3	质量管理办法	(1)样板引路制度； (2)质量交底、质量责任、质量检测制度； (3)工序交接制度
4	安全管理办法	(1)安全教育制度； (2)安全检查制度； (3)安全保障由加工中心负责,劳保用品由加工中心提计划,项目联系合作商配送
5	预制加工理念	(1)强化自动化设备的利用； (2)批量化下料； (3)局部标准化加工

因本项目预制加工生产任务重大,单日生产负荷超出原规划负荷 1 倍以上,除了要增加一定数量的生产设备外,还需做好以下几方面工作：

① 临时增加局部通风处理装置,负责临时增加的工位的焊接烟尘排风,预计需要增加 10 台通风处理设备；

② 增加厂房全面排风,预计 6 台左右,保证厂房内的通风换气,确保施工作业环境安全；

③ 增加扰民应急处理措施投入。按照工期节点,势必涉及夜间加班作业,且持续周期约 45 天,遭周围居民投诉的风险很大,须提前做好相应的应急预案及相应的费用储备。

2) 现场预制加工

在现场搭建预制加工厂,拟在施工现场主楼地下室或者场外协调场地,作为现场预制加工场地,加工场地规划面积大约 $600m^2$,主要用于动力中心管道除锈喷漆、支架制作、管道焊接及预制加工施工作业。拟配置的机械设备如表 9.3-11 所示。

拟配备的机械设备　　　　　　　　　　　　　表 9.3-11

序号	设备名称	规格型号	数量	功能
1	起重机	25t	1	材料吊运
2	叉车	4t	2	材料倒运
3	等离子切割机	—	2	切割作业
4	焊接机器人	—	2	管道焊接
5	交流焊机	—	8	管道焊接
6	坡口机	—	1	管道坡口
7	切割机	—	2	切割作业
8	台钻	—	2	钻孔
9	除锈机	—	2	管道、型钢除锈
10	空气压缩机	—	1	喷漆

4. 吊装运输方案

涉及吊装需要的主要设备、材料,如表 9.3-12。

制冷机房主要大型设备统计表现场吊装条件分析（表 9.3-13、表 9.3-14）。

主要设备、材料　　　　　　　　　　　　　　　　　表 9.3-12

序号	名称编号	型号参数	数量（台）	备注
1	制冷机	2200Ton	5(4)	甲供设备
2	制冷机	1300Ton	3(2)	甲供设备
3	分、集水器	$D=1000mm,L=7250mm$	2	
4	分、集水器	$D=800mm,L=6350mm$	2	
5	分、集水器	$D=900mm,L=6200mm$	2	
6	分、集水器	$D=700mm,L=5000mm$	2	
7	稳压膨胀水罐	总容 8600L	1	
8	稳压膨胀水罐	总容 3200L	1	
9	软化水箱	容积 30m³	1	甲供设备
10	板式换热器	换热量：4000kW，供回水温度：9℃/14℃，压力损失：19kPa	2	甲供设备

预制泵组模块　　　　　　　　　　　　　　　　　　表 9.3-13

序号	编号	尺寸(m)	重量(t)	数量	备注
1	BZ3、BZ4、BZ9～BZ14	框架：5×3.3×3.1；管道：6×φ800（最大）	框架：1、管道：3、泵：7、阀门短管：1.5	8	
2	BZ1、BZ2、BZ5～BZ8	框架+管道：3.7×2.6×3.55	框架：0.6、管道：1、泵：6、阀门短管：1	6	
3	LJ1～LJ2	立管：2 根 DN300×2m；2 根 DN350×2m	每套 4 根，单根重约 0.2	2	
4	LJ3～LJ6	立管：2 根 DN400×2m；2 根 DN450×2m	每套 4 根，单根重约 0.2	4	
5	FJ1～FJ4	框架：最大约 3×6×0.8	单个重约 1t	4	

大型管道　　　　　　　　　　　　　　　　　　　　表 9.3-14

序号	公称直径	壁厚(mm)	理论重量(kg/m)	工程量(m)	单根管重(kg)	备注
1	DN800	12	239.118	156074	2869	
2	DN700	12	209.524	139066	2514	
3	DN600	12	197.81	71410	2374	
4	DN500	11	140.521	168160	1686	
5	DN450	9	104.54	290921	1254	
6	DN400	9	92.555	607804	1111	
7	DN350	9	81.679	125692	980	
8	DN300	8	62.542	796695	751	
9	DN250	7	45.92	885636	551	
10	DN200	6	31.517	510020	378	
11	DN150	4.5	17.146	1800	206	
12	DN125	4	12.725	520	153	

预留吊装口位置情况（图9.3-24）。

由本项目建筑结构图纸可知，吊装孔位于K-J/12-13轴，从地面直通地下二层，可用作地下二层大型设备及材料吊装使用。

吊装运输实施方案：

本项目中冷机等大型设备，属于甲供设备，甲方负责设备的就位，因此在本方案中暂不考虑。

（1）泵组模块运输吊装

1）方案总体思路

现场水泵共有24台，其中每个型号水泵各一台（共6台）先运输至加工中心进行模块的预制工作。吊装运输内容为14台泵组支架、6台水泵、相应的泵组主管道和阀门管段、冷机前管段。所有散件到现场后进行组装。

吊装分为装车吊装、卸车吊装，运输分为加工厂区内运输、外部运输，现场内部运输。

基本顺序为：加工厂区内运输→装车吊装→外部运输→卸车吊装→地下二层水平运输。

2）实施方案

加工厂内运输分为两个线路。

① 模块运输路线：因加工厂内空间有限，14个泵组模块完成制作后分别按现场装配运输顺序码放在厂区南侧通道靠墙处暂存，加工厂内采用行吊进行运输，场外采用地坦克运输，为防止返锈，采用篷布对其进行覆盖保护。待模块数量够可满装两辆卡车时采用地坦克水平运输至厂区东侧吊装区，再采用16t吊车吊装至卡车上。

② 管道及散件运输路线：所有管段做好编号。6台水泵进行保护后单独运输。

③ 模块在吊车起吊前，应在加工中心进行试吊试验，利用厂房的5t行吊，对模块进行全方位的起吊、移动、运输、落地等试验，确保模块的变形率在可控范围内；若模块变形较严重，应考虑增加加固措施，再次试吊，确保模块在多次吊运中形变量在可控范围。

存放及运输见图9.3-25～图9.3-28。

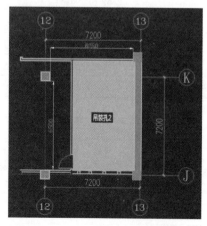

图9.3-24　吊装孔位置示意图

图9.3-25　南侧通道（存放处）

图 9.3-26　东侧空地（吊装区）

图 9.3-27　厂区地面运输（地坦克）

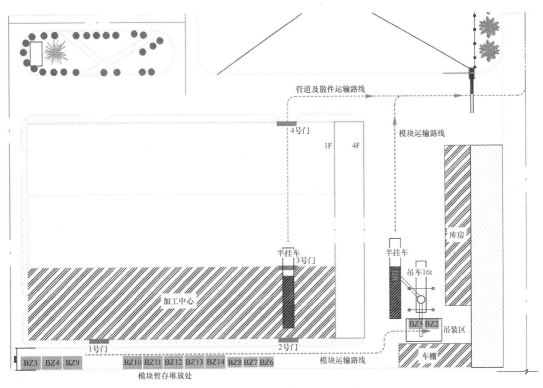

图 9.3-28　加工中心模块运输路线图

（2）装车吊装

1）吊车站位的选择

考虑尽量减少模块的水平运输，所以将吊装区选为东侧空地进行吊装，空地为坚实混凝土地面，且道路通畅，周围无障碍物，满足吊装要求。

2）最大吊物及最重重量

最大吊物尺寸为大泵组模块（5m×3.3m×3.1m），最大吊物质量为单台水泵约 3.5t。

3）吊装作业半径及吊装高度

根据吊装区、吊车、卡车位置，确定作业半径为 9m。

吊装需将最高 3.55m 模块吊装至高 0.8m 的板车上，考虑钢丝绳 2m 以及吊钩距吊臂头安全距离 2m，吊臂头距离地面 8.35m，则臂长根据勾股定理计算为 12.2m。

4）吊车选择

根据上述条件（吊装半径 9m、吊重 3.5t、吊车臂长按 18m），查阅吊车性能表，16t 吊车满足要求，考虑施工安全和经济成本，选择 16t 吊车，在工作半径 9m，臂长 13.3m 的工况下，额定荷载为 5.6t，实际荷载 4.1t（包括吊具 0.515t），负载率为 73.2%，小于 90%，符合要求。

5）16t 汽车起重机性能表（表 9.3-15）

16t 汽车起重机性能表（kg）　　　　　　表 9.3-15

工作幅度 M(m)	主臂臂长 M					主臂仰角 (°)	主臂+副臂 24m+7m	
	9.7m	13.3m	16.85m	20.4m	24m		副臂安装 角度 0°	副臂安装 角度 30°
3	16000	12000	10000					
3.5	16000	12000	10000	80000		80	2000	1860
4	16000	12000	10000	80000	5500	78	2000	1810
4.5	15000	12000	10000	50000	5500	76	2000	1750
5	14000	12000	10000	80000	5500	74	2000	1700
5.5	13400	12000	10000	7810	5500	72	2000	1650
6	11810	11660	9750	7320	5500	70	2000	1610
6.5	10040	10240	9150	6880	5500	65	2000	1570
7	8700	8850	8610	6480	5500	66	2000	1320
8	6750	6940	7030	5710	5230	64	2000	1300
9		5600	5700	5080	4690	62	2000	1480
10		4630	4730	4580	4220	60	2000	1450
11		3900	4000	4050	3820	58	2000	1430
12		3310	3410	3470	3480	56	1840	1410
13			2940	30000	3050	54	1680	1400
14			2550	2610	2660	52	1530	1350

（3）外部运输

1）车辆的选择

综合考虑大模块、小模块尺寸的尺寸，选择货运空间为 3m×11.5m 的板车（板高 0.8m、载重 30t、全长 22m），大模块一车运输 2 个，对应的模块 4 个管段交错布置，占用空间为 10m×3.3m，两辆板车各分 2 次将 8 个模块及管段运输完成；小模块一车运输 3 组，空间占用为 11.2m×2.6m，符合要求。其他散件等按经济性原则进行装货，预计共需运输 8 趟。

模块及管道在运输时做好临时固定，利用角钢将管段临时焊接在泵组上，或者直接将管道临时点焊在模块上，模块需要加固。

2）路线的选择

因为运输模块属于超高、超宽货物，需提前在当地交管部门进行了超宽、超高、超大部件道路运输的申报工作。同时联合交通管理部门，对运输途中的一些涵洞、限高区等部位进行了再次复核，确保道路限高满足泵组运输要求。同时对一些重点部位进行标识，在运输过程中，采用专人引导、旁站监督的方式，确保运输泵组、车辆、道路及人员的安全。图9.3-29为三种运输路线，具体选择哪一条根据后期勘探为准。

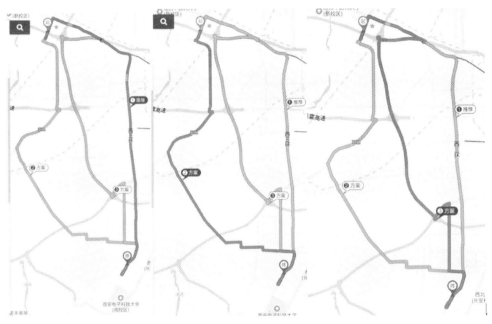

图9.3-29　三种运输路线

3）运输时间的选择

对于超宽超高的泵组，尽量选用行车、行人较少的凌晨进行运输，这样可以尽可能地确保运输安全，减少对运输道路的交通影响。对于其他散件等，可在白天运输。

4）超宽超高运输过程防护

由于运输距离较远，为防止运输途中零部件散落，引发不安全因素。在泵组装运之前，监造人员、押车人员等联合对泵组所有易散落部件进行了复查加固。特别是对于管道弹簧减振器、木托、固定螺栓等，进行逐一排查，对可能存在的隐患点，利用临时措施进行二次加固，同时对于泵组支架支撑等焊接部位进行焊接补强，确保泵组运输安全。

在泵组超宽部分侧面、顶边等部位张贴反光警示带。在夜间设置醒目的警示标志，确保安全。

运输车辆及前后引导车上各配置一台对讲机，用于行车途中各种指令的下达和情况通报。

在运输过程中，运输车队车辆前后各安排一辆引导车进行安全导引。对道路状况、零部件散落、限高等进行监控。

（4）卸车吊装

待土建单位地下室地坪、后浇带施工完成，卸料口附近拆模后，利用吊装口进行管道、冷机前管段的吊运。

根据与土建单位沟通，吊装口东侧基坑进行回填，确保吊车的站位靠近吊装口，保证泵组及管道的吊装（图9.3-30、图9.3-31）。

图 9.3-30 吊装口位置

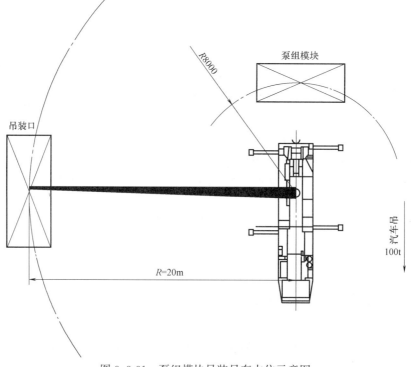

图 9.3-31 泵组模块吊装吊车占位示意图

室外基坑回填后，根据现场勘查，吊车可设置在地下室外墙东侧，根据现场测量，吊车站位距吊装口距离约 20m，据此，选择 100t 汽车起重机进行泵组模块吊装（表 9.3-16）。

100t 汽车起重机起重性能（t）

表 9.3-16

臂长(m)	12.0	16.2	20.4	27.0	33.0	39.0	45.0
3.0	100.0	70.0					
3.5	92.0	70.0	58.0				
4.0	85.0	70.0	54.0				
4.5	76.0	64.0	51.0	35.0			
5.0	70.0	58.0	49.0	35.0			
5.5	63.0	51.0	45.0	35.0	26.0		
6.0	57.0	46.0	43.0	34.0	26.0		
6.5	48.0	43.0	41.0	33.0	26.0	20.0	
7.0	44.0	40.0	39.0	32.0	26.0	20.0	
7.5	37.0	37.0	35.0	30.5	25.0	20.0	15.0
8.0	34.0	34.0	32.0	29.0	24.0	19.0	15.0
9.0	27.0	27.0	27.0	25.0	22.5	17.5	15.0
10.0		21.9	21.0	22.0	20.5	16.5	15.0
11.0		18.4	19.0	19.5	18.0	15.5	14.0
12.0		15.7	16.0	16.5	16.0	14.5	13.6
14.0			11.6	12.8	13.5	13.0	12.0
16.0			84.0	9.8	10.5	11.0	10.5
18.8			63.0	7.8	8.2	8.5	9.0
20.0				6.0	6.6	7.2	7.5
22.0				5.0	5.2	5.8	6.2
24.0					4.2	4.8	5.2
26.0						3.8	4.3
28.0						3.1	3.6
30.0							2.9

泵组模块及泵组管段、冷机管道运输至现场后，采用泵组模块分批吊运至地下二层制冷机房。其中 BZ1-8 为泵组支架＋主管道＋阀门管段作为整体吊运；BZ9-14 为散件吊运；泵组支架、主管道和阀门立管分别为散件进行吊运，水泵单独吊运；冷机前立管装配好后整体吊运（表 9.3-17）。

地下二层运输。

在模块运输至地下二层前，提前将模块组装、喷漆区域用彩条布进行覆盖，避免后期施工污染成品地面。模块运输至地下二层后，利用叉车和地坦克进行水平运输。就位时泵组下面垫木方，以便日后进行二次运输。

模块吊运至制冷机房后按图 9.3-32 进行堆放。对应管段和泵组放在一起；方便进行泵组的组装作业。

· 131 ·

吊装顺序及吊运内容 表 9.3-17

吊装顺序	吊运内容	吊装顺序	吊运内容
1	BZ12 及其管段	9	BZ1 及其管段
2	BZ9 及其管段	10	BZ3 及其管段
3	BZ13 及其管段	11	BZ4 及其管段
4	冷机管段	12	BZ5 及其管段
5	BZ10 及其管段	13	BZ6 及其管段
6	BZ14 及其管段	14	BZ7 及其管段
7	BZ11 及其管段	15	BZ8 及其管段
8	BZ2 及其管段		

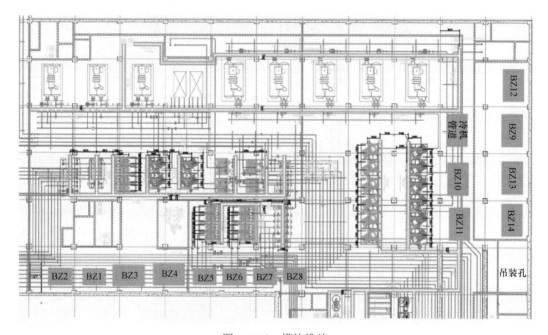

图 9.3-32 模块堆放

所有泵组、管道在地下二层进行刷油作业。刷油完成后进行管道和水泵、支架的装配。

所有泵组除锈、刷油、装配完成后，进行机房的装配工作。装配前，将装配路线上的排水沟和地面用模板进行成品保护，采用彩条布进行喷漆区域的全覆盖。

5. 资源配置

（1）人员组织（表 9.3-18）

人员组织 表 9.3-18

序号	人员类别及工种	主要职责
1	总指挥	组织指挥,对运输实施过程全面管理
2	技术负责人	技术指导,解决运输中出现的技术问题
3	安全负责人	安全监护,纠正违章作业,排除安全隐患

续表

序号	人员类别及工种	主要职责
4	现场负责人	施工组织
5	安全防护人员	安全防护、检查特种作业人员证件
6	吊车司机	吊车驾驶、起吊作业
7	吊装指挥(司索工)	组织指挥起吊运输
8	物资人员	设备型号、数量清点
9	各设备专业负责人	

（2）主要施工机具（表 9.3-19）

主要施工机具　　　　　　　　　　　　　　　　　　表 9.3-19

序号	名称	规格	单位	数量
1	指挥车	轿车	辆	2
2	货车	20～50t	辆	按实际所需
3	千斤顶	10t	台	5
4	手动液压叉车	3t	台	1
5	吊车	16t	辆	1
6	手拉捯链	3～5t	台	3
7	撬棍	1500mm×30mm	根	4
8	大锤	3.63kg	把	2
9	紧线器	3t	个	20
10	大绳	10m	根	4
11	灯架		个	5
12	警示牌	500mm×375mm	块	10
13	干粉灭火器	MF21ABC4	瓶	5
14	安全防护墩	780mm×390mm×390mm	个	20
15	医疗箱	330mm×185mm×165mm	个	2
16	对讲机	摩托罗拉	台	4
17	钢丝绳	$\phi 20,1.2m$	根	8
18	钢丝绳	$\phi 15,1.2m$	根	8
19	机械叉车	5t	台	2
20	地坦克	10t	台	4

（3）主要材料（表 9.3-20）

主要材料　　　　　　　　　　　　　　　　　　表 9.3-20

序号	名称	规格	单位	数量
1	钢板	1500mm×2000mm×8mm	块	6
2	枕木	250mm×200mm×2000mm	根	80
3	抓钉	$\phi 12×200mm$	kg	10

序号	名称	规格	单位	数量
4	木板	1500mm×200mm×50mm	块	30
5	铁钉	4″	kg	4
6	U形环（卸扣）	5t	个	按照实需
7	螺栓	M12×40	套	按照实需
8	彩条布	4m×50m	卷	按照实需
9	警示带		m	按照实需
10	钢管	φ20	m	按照实需

（4）运输准备

1）检查运输沿线道路是否畅通，对限高限重等条件进行确认，如有问题，必须等畅通无误后，才能进行设备运输；

2）检查整个运输路线中的桥梁强度，运输门洞、设备基础等环节是否满足设备运输安装要求，如有问题，处理完毕后方可进行设备运输；

3）提货前，应根据施工图、设备清单等资料，仔细核对需提取设备的名称、型号、规格、数量及箱号等内容，列出提货清单，检查设备是否完好、齐全；

4）对吊装作业人员进行资质审查，对所有参加运输人员，进行安全技术交底，对人员组织、运输过程、注意事项、关键点都应详细、准确地传达给作业人员，并留底存档；

5）随时关注天气情况，如遇特殊天气，应及时对吊装作业进行调整或延期。

（5）组织保障

本次运输设总指挥1人，负责组织指挥，对运输实施过程进行全面管理；设安全负责人1人，对运输安全全面负责，组织进行安全监护、纠正违章作业、排除安全隐患；设安全防护人员4人，负责具体的安全防护工作、检查特种作业人员证件等；其余运输工作人员遵循安全防护规程，服从安全管理人员的指挥。

6. 安全技术措施

本方案将设备装卸车、起吊机具的操作防护、预防高空坠落、物体打击等运输过程作为重要的安全控制对象。

（1）设备装卸车

1）吊车进行吊装设备等物资时，吊车不得超负载作业，防护支腿支撑牢固可靠，最大吊重依据其工作曲线选择，严禁跨道路吊装；起吊时，起重臂下严禁有人，防止落物伤人；

2）在高架桥区段吊装设备时，桥上、桥下必须同时设专人进行安全防护；

3）自制吊装组件组装后，必须经过安全员检查验收后方可使用；吊装过程中，由负责人统一指挥；

4）起吊过程中，作业人员应防止钢丝绳挤伤手脚；

5）在起吊过程中安全员应时刻注意吊车的安全性，发现问题及时通知操作员；

6）卸车现场应设置警示围栏，外来人员及非作业人员严禁入内，以免发生意外事故；

7）进入现场必须戴好安全帽，严禁酒后作业；

8）吊车应设专人指挥并配备专职安全监护人；

9）吊装前必须对钢丝绳、吊钩、卡环、踩板、软梯等吊装工具进行严格检查。钢丝绳、踩板、软梯必须先进行试验。若发现钢丝绳表面腐蚀、死弯、有松股、散股现象或磨损达10％或断丝超过8根时，不得使用。吊钩和卡环如有永久性变形和裂纹时，不得使用。吊装使用的钢丝绳、棕绳严禁有接头和毛刺。吊装期间，安全人员必须经常检查工、器具的可靠性，发现不安全的物品时严禁使用。如角铁桩地锚是否有松动、缆风绳是否紧固、电源线是否破损、钢丝绳磨损程度等；

10）吊装前吊装机械必须严格进行检查，如有故障，应事先排除。吊车升降吊钩应平稳，避免紧急制动和冲击。吊车工作时，道路必须平整、坚实，松软土要夯实，必要时铺设枕木。起重机不得在斜坡上作业。在邻近带电线路附近施工时，起重设备等与带电线路必须保持足够的安全距离。起重臂和起吊的构件下严禁站人和通过，同时注意防止吊钩碰撞架空线，吊车停止工作时，起动装置要关闭上锁，以防构件坠落伤人；

11）高空作业人员必须穿防滑鞋、带工具包，衣着灵便，衣袖、裤脚应扎紧；高空作业时，作业人员必须用绳索上下传递物件，严禁抛丢作业器材及工具，作业时必须戴好工作手套，严禁将手伸入螺丝孔内和构件挪位部位的下方，起吊重物下严禁人员行走或逗留；

12）吊装过程中，指挥人员和吊车司机要统一信号，信号要鲜明准确，起重机作业人员必须按信号进行工作，升降应该平稳，避免紧急制动和冲击。设备吊离地面约10cm后应暂停起吊并全面检查，确认无异常后方可起吊。

（2）预防高空坠落

1）对高空人员进行严格体检，凡有心脏病、高血压等疾病严禁高空作业；

2）高空人员必须持证上岗，班前严禁饮酒，高空必须拴可靠的安全带；

3）出线作业采用差速保护安全带；

4）在施工过程中，要做好对成品的保护工作。

（3）"十不吊"规定

1）超负荷不吊。

2）无专人指挥或指挥信号不明、质量不明、光线暗淡不吊。

3）安全装置，机械设备有异常或有故障不吊。

4）在重物上加工或埋入土中物件以及歪拉、斜挂不吊。

5）物件捆绑不牢或活动零件不固定，不清除隐患不吊。

6）吊物上站人或从人头上越过及垂臂下站人不吊。

7）氧气瓶、乙炔瓶等易爆物，无安全措施不吊。

8）棱角缺口未垫好不吊。

9）六级以上大风和雷暴雨天气时不吊。

10）在斜坡上或坑沿，堤岸不填实不吊。

（4）应急救援预案

1）汽车运输过程中设备倾斜

在运输过程中若出现设备轻微倾斜，应停止运输，根据设备的倾斜方向进行调整，并检查紧固绳是否松动，确认无松动后重新运输；若在运输过程中设备倾斜严重，应立即停止运输，并注意停车时应缓慢，根据设备的倾斜方向进行调整；若人力无法调整时，应及时调动吊车赶到现场进行调整，对捆绑绳重新紧固，根据实际情况加固后重新运输。

2）吊装过程中钢丝绳断裂

吊装过程中出现钢丝绳断裂属于较为重大事故，因此，吊装前必须检查钢丝绳是否符合要求，是否具备出厂合格证，是否存在散股、断股现象。若吊装过程中发生钢丝绳断裂事故，应立即停止吊装，现场总指挥全权负责现场情况，并落实人员拉临时警示设施，全部作业人员退至警示线外，封锁现场，设置专人保护现场，并进行拍照，上报项目部汇报现场情况；若有人员伤亡，第一时间拨打120急救电话，同时安排人员进入现场勘察实际情况，现场指挥根据具体情况布置恢复方案，并把损坏的设备运回仓库。

3）设备运输中设备倾覆

在运输或移动设备过程中，如设备发生倾覆，应立即停止作业，现场指挥应立即清理现场人员，向项目部汇报情况，并安排人员对倾倒设备进行现场勘察，对现场进行拍照；并根据实际情况制定恢复方案，若有人员伤亡拨打120急救电话并封锁现场，拉警戒线，对现场进行拍照。如发现有人力无法对倾斜的设备进行恢复，应保护好现场，设置专人看守，落实好各项临时保护设施后立即回项目部部署现场抢修小组的各项分工。

4）其他突发情况

在整个运输过程中，当有突发情况发生时，现场指挥应根据实际情况采取恰当的措施，如遇车祸、火灾、坍塌等重大事故应及时上报项目部和相关部门，并保护现场，在危及人身安全的情况下应以保证人身安全为主，可放弃运输甚至遗弃设备逃生。如发生轻微及不影响人身、设备、机具安全的突发事件，可暂缓运输。

7. 喷漆

（1）概况

通过对诸多制冷机房后期运行情况调研发现，因常年高温、高湿的特殊环境条件，常规的除锈、防腐方法很难保证机房内管线及其支吊架系统不会遭遇腐蚀破坏，一般机房运行2～3年之后，就会出现大量管道、支架锈蚀情况，需要反复进行维修，给后期运维造成诸多不便。

鉴于上述情况考虑，拟对本项目的管线及支吊架系统采用专业防腐刷油措施。拟采用高性能防锈漆丙酸聚氨酯对模块支架体系、管道等进行防腐处理，以保证机房后期的运行维护安全。

动力中心14个水泵模块和冷机前管道模块在加工中心全部生产加工完成后，运输至现场进行喷漆作业，现场管道刷防锈底漆两道，磁漆两道；支架刷防锈底漆两道，聚氨酯面漆两道（表9.3-21、表9.3-22）。

西安国际医学中心制冷机房泵组管道刷油数量统计表　　　　　　　表9.3-21

序号	名称	规格	单位	数量	面积（m²）	备注
1	无缝钢管	DN300	m	20	20.41	
2	螺旋钢管	DN350	m	20	23.68	
3	螺旋钢管	DN400	m	60	80.26	
4	螺旋钢管	DN450	m	40	60.29	
5	螺旋钢管	DN500	m	21.2	35.28	

续表

序号	名称	规格	单位	数量	面积（m²）	备注
6	螺旋钢管	DN700	m	63.6	143.79	
7	螺旋钢管	DN800	m	63.6	159.76	
合计					523.47	

西安国际医学中心制冷机房泵组模块支架刷油数量统计表 　　表 9.3-22

序号	名称	规格	数量（m）	每米表面积（m²/m）	刷油面积（m²）	备注
1	工字钢	16 号	394.8	0.66	260.57	
2	槽钢	16 号	122.4	0.55	67.32	
3	合计				327.89	

（2）劳动力配置（表 9.3-23）

劳动力配置 　　表 9.3-23

序号	工种名称	数量	备注
1	油漆班组长	1 名	
2	油漆工	3 名	
3	运输工	2 名	
4	专职安全员	1 名	
5	质检员	1 名	

（3）机械配置（表 9.3-24）

机械配置 　　表 9.3-24

序号	机械（设备）名称	数量	额定功率（kW）	备注
1	油漆滚筒	4 台	—	
2	刷子	20 把	—	
3	油漆桶	6 个	—	
4	自动除尘机	1 台	3	

（4）喷漆场地

喷漆场地选择地下二层，管道从卸料口垂直运输至地下二层，模块从吊装孔运至地下二层进行喷漆，喷漆、晾干区域最小大约 500m²。

喷漆区域采用小型移动喷漆房，采用除尘器保证喷漆质量，采用轴流风机进行通风。

（5）喷漆方案

1）准备工作

① 设计及其他技术文件齐全，施工图纸业经业主审批确认；

② 完成施工方案和技术交底，进行了安全技术教育和必要的技术培训；

③ 型钢，管道及管件进场验收合格；

④ 材料，机具，检测仪器，施工设施及场地已齐备；

⑤ 在防腐蚀工程施工过程中，必须进行中间检查；防腐蚀工程完工后，应立即进行验收；

⑥ 管子及管件外壁附近的焊接，必须在防腐蚀工程施工前完成，并核实无误；在防腐蚀工程施工过程中，严禁进行施焊，气割，直接敲击等作业；

⑦ 管子，管件的钢材表面，不得有伤痕，气孔，夹渣，重叠皮，严重腐蚀斑点；加工表面必须平整，表面局部凹凸不得超过 2mm；

⑧ 管子，管件表面的锐角，棱角，毛边，铸造残留物，必须彻底打磨清理，表面应光滑平整，圆弧过渡；

⑨ 涂料应有制造厂的质量证明书，且经施工、监理、业主等各方验收合格；由于机房地面为成品地面，模块吊装就位前，用彩条布将装配喷漆区域地面全部覆盖，做好成品保护工作。

喷漆时制作小型喷漆房，利用钢管和彩条布，制作 6m×5m×4m 的立方体喷漆房，底部加装万向轮，方便移动。喷漆房用彩条布进行包覆，前后两端的彩条布设置拉链，用于喷漆房的转运包覆模块。喷漆房顶部做圆形通风口；

喷漆时将模块罩在移动喷漆房内，进行喷漆作业。完成一个模块后，将移动喷漆房移动到下一个模块，进行喷漆作业。

2）涂漆前的表面处理

所有管道、管件和碳钢构件在涂漆前应根据防腐涂料表面处理等级要求对其表面进行认真除锈处理。管道除锈，采用中建三局安装自主研发的管道除锈机，提高施工效率，保证施工质量。

部分不规则钢构件表面上松散的氧化皮、锈蚀和老化涂层可用钢丝刷刷掉、用砂纸打磨、用手工工具刮掉或铲除。泵组之间螺旋管道现场焊接部分，用角磨机将坡口附近螺旋焊缝打磨平整，便于全位置管道焊机进行作业。

（6）喷漆

喷漆作业尽可能选择在天气条件下良好的情况下施工，有利于涂料的快速结膜成型。

喷漆作业场地，采取良好的通风和除尘措施，拟涂料作业场所配置通风机、除尘机等设备，保障作业人员的施工安全及涂料施工质量。

喷漆表面必须保证清洁干净。涂漆前可用吸尘器，刷子等清理干净，每层涂膜干燥后需经同样处理后，方可涂下一层涂料。

喷底漆前应对水泵、焊接坡口、螺纹扣等特殊部位加以保护，以免涂上油漆。

喷漆表面必须干燥。前一道涂膜实干后，方可涂下一道漆。判断漆膜实干的方法以手指用力按漆膜不出现指纹为准。

（7）质量检查

涂料的种类，颜色，涂敷的层数、厚度和标记应符合设计及方案要求；

涂层应均匀，颜色应一致，完整，无损坏，流淌；

涂膜应附着牢固，无剥落，皱纹，气泡，针孔等缺陷；

涂刷色环时，应间距均匀，宽度一致。

（8）成品保护

涂漆的管道、型钢，涂层在干燥过程中，应防止冻结、撞击、振动和温度剧烈变化。

已做好防腐层的管道型钢在运输过程中避免碰撞。

（9）安全

涂料应在专门的仓库内储存，库房应通风良好，并应与配置消防器材，设置"严禁烟火"警示牌；库房内严禁住人。工作人员进入油漆现场必须整齐佩戴胸卡、安全帽、安全鞋、防护眼镜、防护口罩、防护手套等必备防护用具。

油漆现场必须有良好照明，临时电器线路架设，要安全可靠，绝缘好。

在封闭空间内涂漆，必须保证良好的通风，通风设施应定期检修维护，并有专人监护。

登高油漆作业必须正确戴好安全带。

8. 测量方案

（1）基础验收及处理

1）基础移交时，要有质量合格证明书及测量记录，在基础上应明显地画出标高基准线和纵横中心线。

2）对基础进行外观检查，不得有裂纹、蜂窝、空洞、露筋等缺陷，并用基础回弹仪测定基础强度。

3）按土建基础图及设备的技术文件，对基础的尺寸及位置进行复测检查，其允许偏差应符合《机械设备安装工程施工及验收通用规范》GB 50231—2009 的要求，具体如下。

机械设备安装前，其基础、地坪和相关建筑结构，应符合下列要求：

机械设备基础的质量应符合现行国家标准《混凝土结构工程施工质最验收规范》GB 50204 的有关规定，并应有验收资料和记录；机械设备基础的位置和尺寸应按表 9.3-25 的规定进行复检。

机械设备基础位置和尺寸的允许偏差   表 9.3-25

项目		允许偏差（mm）
坐标位置		20
不同平面的标高		0，−20
平面外形尺寸		±20
凸台上平面外形尺寸		0，−20
凹穴尺寸		+20，0
平面的水平度	每米	5
	全长	10
垂直度	每米	5
	全高	10
预埋地脚螺栓	标高	+20，0
	中心距	±2
预埋地脚螺栓孔	中心线位置	10
	深度	+20，0
	孔壁垂直度	10

项目		允许偏差(mm)
预埋活动地脚螺栓锚板	标高	+20.0
	中心线位置	5
	带槽锚板的水平度	5
	带螺纹孔锚板的水平度	2

注：1. 检查坐标、中心线位置时，应沿纵、横两个方向测量，并取其中的最大值；

2. 预埋地脚螺栓的标高，应在其顶部测量；

3. 预埋地脚螺栓的中心距，廊在根部和顶部测量。

4）验收合格后，在底座就位以前对基础上表面做如下处理：

① 二次灌浆的所有表面铲成麻面，麻点深度不小于 10mm，密度每平方分米 3～5 个点，表面不允许有油污或疏松层。

② 放置垫铁或小千斤顶处（至周边约 50mm）的基础表面铲平，其水平度允许偏差为 2mm/m。

③ 螺栓孔内的碎石、泥土等杂物和积水清扫干净。

（2）放线

水泵模块就位前，应按施工图和相关建筑物的轴线、边缘线、标高线，划定安装的基准线。

BZ1-2，BZ9-11，BZ12-14 相互有管道连接，应划定共同的安装基准线，并按模块的具体要求指定基准点。BZ3，BZ4，BZ5，BZ6，BZ7，BZ8 各为独立的模块，上方由主管道相连，安装基准线划定时应保证横平竖直，为一条基准线，设备安装后整齐美观；基准点的埋设应正确和牢固。

平面位置安装基准线与基础实际轴线或与机房墙、柱的实际轴线、边缘线的距离，其允许偏差为 ±20mm。

机械设备定位基准的面、线或点与安装基准线的平面位置和标高的允许偏差，应符合表 9.3-26 的规定。

机械设备定位基准的面、线或点与安装基准线的
平面位置和标高的允许偏差 表 9.3-26

项目	允许偏差(mm)	
	平面位置	标高
与其他机械设备无机械联系的	±10	+20 −10
与其他机械设备有机械联系的	±2	±1

（3）找正、调平

机械设备找正、调平的测量位置，当随机技术文件无规定时，宜在下列部位中选择：

1）机械设备的主要工作面；

2）支撑滑动部件的导向面；

3）轴颈或外露轴的表面；

4）部件上加工精度较高的表面；

5）机械设备上应为水平或垂直的主要轮廓面；

6）连续输送设备和金属结构宜选在主要部件的基准面的部位，相邻两测点间距离不宜大于 6m。

机械设备找正、调平的定位基准的面、线或点确定后，其找正、调平应在确定的测量位置上进行检验，且应做好标记，复检时应在原来的测量位置。

机械设备安装精度的偏差，宜符合下列要求：

1）能补偿受力或温度变化后所引起的偏差；

2）能补偿使用过程中磨损所引起的偏差；

3）不增加功率损耗；

4）使转动平稳；

5）有利于提高工件的加工精度。

投入仪器仪表及设备见表 9.3-27。

投入仪器仪表及设备 表 9.3-27

序号	名称	规格	数量
1	钢卷尺	15m	2 把
		5m	2 把
2	水平仪	0.02mm/m	2 件
3	水平尺	1m	3 把
4	铅垂		2 把
5	墨斗		3 把
6	记号笔	黑色	1 盒
7	红外线测距仪		1 把

9. 装配方案

机房模块的装配分两部分：加工中心装配和施工现场装配。

水泵模块共 14 个，水泵 24 台，其中泵组 BZ-1，BZ-2，BZ-3，BZ-4，BZ-5，BZ-6，BZ-7，BZ-8，在加工中心进行支架和主管道的装配，阀门短管装配成管段，在现场最终装配；BZ-9，BZ-10，BZ-11，BZ-12，BZ-13，BZ-14，支架模块在加工中心进行焊接组装，阀门短管装配成管段，模块支架、主管道、阀门短管作为散件进行运输，主管道和相应支管在现场进行装配。冷机端的管段在加工中心预制好，在现场进行装配；冷机调查管段，在现场进行测量后加工安装；分集水器短管在厂内加工，现场装配；分集水器支架在现场进行加工装配；所有水泵在现场进行装配。

（1）加工中心装配

装配内容（表 9.3-28、表 9.3-29）

装配内容（一） 表 9.3-28

序号	内容	备注
1	水泵就位	6 台水泵,水泵在加工中心进行预装配,完成调节管段的加工后,进行拆除,单独运输
2	阀门安装	每台水泵 6 个阀门,作为阀门短管进行装配
3	管道安装	BZ1-8 主管道和支架进行装配
4	水泵及管道连接	6 台试验水泵进行装配及调查管段的连接,完成后拆分进行运输
5	冷机管道	6 台冷机进出口管段装配,每台冷机 4 个管段

装配内容（二） 表 9.3-29

序号	内容	备注
1	泵组装配	水泵就位,主管道和阀门管段的装配,阀门管段和水泵的连接
2	模块就位	14个泵组模块
3	冷机管道装配	冷机前管段装配,6台冷机,24个管段
4	泵组间管道连接	采用全位置管道焊接小车
5	分集水器装配	分集水器短管及支架装配、和管段的连接

（2）施工现场装配

1）加工中心劳动力配置

加工中心目前有工人5人，装配期间可投入装配工作。

装配期间加工中心计划劳动力6人，每3人一组（1名管工、1名焊工、1名装配工），进行泵组的装配。

2）施工现场劳动力配置

现场装配阶段作业由加工中心工人、劳务作业队及专业吊装公司共同完成，专业吊装公司负责水泵模块等的吊装运输及水泵就位，加工中心工人和劳务作业班组负责阀门组管道安装及管道碰口组对。

劳务作业队作业人员为三班倒模式，每班31人（焊工5人，管道工3人，普工20人，叉车司机3人），共93人。

（3）机械配置（表9.3-30）

机械配置 表 9.3-30

序号	设备名称	规格型号	数量	备注
1	叉车		3	
2	剪叉升高车	6m/1.5t	3	
3	液压升高车	5m	3	
4	捯链	2t	16	
5	卷扬机	5t	2	
6	起道器		3	
7	地坦克	6t	12	
8	交流焊机		3	
9	龙门起重机	5t	1	
10	自动焊		1	

（4）装配时间节点（表9.3-31）

根据计划，全部模块4月20日进机房开始装配，装配用时72h。

装配时间节点 表 9.3-31

序号	工作内容	开始时间	完成时间
1	模块运输进项目	4月5日	4月6日
2	模块喷漆	4月7日	4月10日
3	模块现场装配	4月9日	4月19日
4	所有模块机房装配	4月20日	4月22日

（5）加工中心装配方案

1）支撑体系装配

根据设计深化图纸，利用带锯床进行批量下料、流水作业（图 9.3-33、图 9.3-34）。

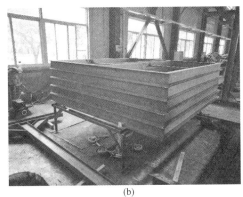

（a） （b）

图 9.3-33 支撑体系底座批量制作

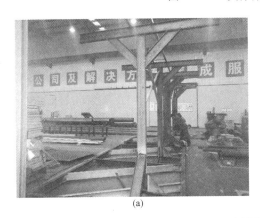

（a） （b）

图 9.3-34 支撑体系立柱批量制作

2）管道装配

根据深化设计图纸，严格规定每一段法兰短管的长度，批量下料、对口、焊接，利用环缝自动焊机进行法兰焊接，保证每一段管段规格统一（图 9.3-35～图 9.3-37）。

（a） （b）

图 9.3-35 法兰短管批量生产

(a)

(b)

图 9.3-36　管道马口批量组对

(a)

(b)

图 9.3-37　管道泵组装配

图 9.3-38　水泵安装

3）水泵安装

① 水泵的安装。水泵转运采用加工中心桥式起重机进行吊装，将水泵直接运输到支撑体系，放置到槽钢横担上。

② 水泵位置精确调整。在桥式起重机吊钩处连接捯链，采用捯链将水泵吊起，对水泵进行精确位置调整，位置调整到位后，采用螺栓固定（图 9.3-38）。

4）阀门、短接组装

① 将预制完成的管道短接、阀门进行组装连接，组成管段模块。

② 利用桥式起重机和捯链，用捯链将管段模块进行提升安装；为防止管道模块被破坏，提升采用吊装带与管段模块绑扎，吊装带再与捯链连接的方式，管段模块安装到位后及时用螺栓与水泵进行固定连接。

（6）制冷机房装配方案

制冷机房各主管道应在机房装配前施工完成，包括冷却水管道、冷水管道和热水管道等。现场装配前，制冷机房内管道已安装完毕，冷机安装就位，板式换热器等辅助设备安装就位，此阶段主要进行水泵模块、冷机管段及集分水器等模块装配安装（图 9.3-39、表 9.3-32）。

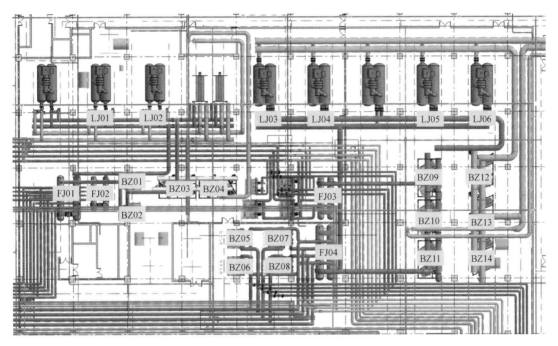

图 9.3-39 制冷机房装配顺序图

机房模块装配顺序   表 9.3-32

装配顺序	装配模块序号	模块内容	备注
1	LJ-01	4 根冷机进出口管段	
2	LJ-02	4 根冷机进出口管段	
3	LJ-03	4 根冷机进出口管段	
4	LJ-04	4 根冷机进出口管段	
5	LJ-05	4 根冷机进出口管段	
6	LJ-06	4 根冷机进出口管段	
7	BZ-01，BZ-02	2 个泵组模块	
8	BZ-03，BZ-04	2 个泵组模块	
9	BZ-05，BZ-06，BZ-07，BZ-08	4 个泵组模块	
10	BZ-09，BZ-12	2 个泵组模块	
11	BZ-10，BZ-13	2 个泵组模块	
12	BZ-11，BZ-14	2 个泵组模块	

装配期间施工组织：

72h 装配期间，采用 8h 轮流施工，三班倒模式，每班作业小组共 31 名劳动力，其中焊工 5 人，管道工 3 人，普工 20 人，叉车司机 3 人。分为三组同时进行施工（图 9.3-40）。

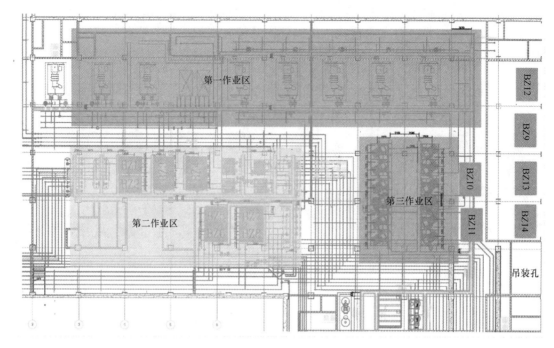

图 9.3-40 分组施工

制冷机房西侧高跨部分为现场临时加工区，用彩钢板进行隔离。

第一组施工内容为冷机前立管的安装，分为 2 队，平行施工，互不干扰。

第二组进行 BZ-1～BZ-8 模块的搬运就位，以及泵组与主管道的连接。

第三组进行 BZ-9～BZ-14 模块的搬运就位，以及模块主管道的自动焊接，阀门短管的装配。

（7）泵组模块安装

本项目制冷机房水泵共计 24 台，水泵单元模块共计 14 个，水泵单元模块预制组装完成后，制冷机房内采用叉车、地坦克、卷扬机进行整体水平运输。

1）运输路线（图 9.3-41～图 9.3-44）。

2）现场准备。

① 水泵运输受力计算，设备选型；

② 机房内卷扬机固定点的选择及设置；

③ 运输通道整理，清除运输通道上的所有障碍，方便水泵单元模块的运输。

④ 在基础平面上定好十字线，确定单元模块就位方向和位置。

3）注意事项

① 水泵单元模块运输采用 4～6 台地坦克进行水平搬运，动力采用卷扬机进行牵引。

② 设备运输过程中，卷扬机运行速度要缓慢，设备行进速度不能过快，单元模块前后坡度不要过大，保证设备运输平稳进行。

③ 在设备运输过程中设备需要转向，通过调整地坦克的方向进行转向，地坦克方向调整时，用两台起道器同时对模块单元进行提升，提升速度要缓慢，提升高度不要过高，高度满足地坦克能调整即可。

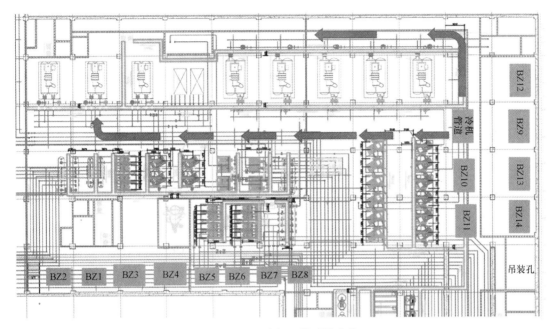

图 9.3-41　冷机立管运输路线

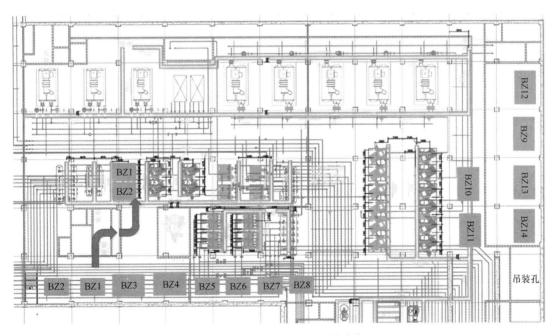

图 9.3-42　BZ-1~BZ-2 运输路线

④ 根据设备的精密要求，对基础进行找平，按纵横方向尺寸，使之保持在同一平面上。就位模块四周预留螺栓孔，模块就位后，采用地脚螺栓固定。现场配备水平尺，利用垫铁进行模块的调平。

（8）制冷机组进出口管道安装

制冷机就位后，根据现场以及装配图纸，对制冷机组进出口管道进行精确地加工制作，

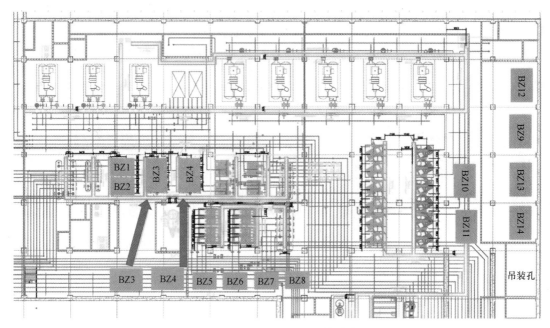

图 9.3-43　BZ-3～BZ-4 运输路线

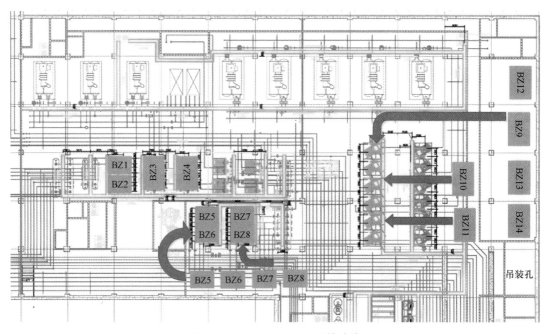

图 9.3-44　BZ-5～BZ-14 运输路线

加工中心已预制制冷机前弯头短管部分，现场根据制冷机就位情况进行调查管段的加工。施工内容为主管道连接到制冷机的第一片法兰处，第一片法兰至制冷机接口处立管为装配期施工内容。

　　将制冷机组进出口管道、阀门等进行组装，在工厂内组装成管道单元，设计管道抱夹装置，装置包夹将组装完成的管道单元固定到叉车上，利用叉车将管道单元运输至现场，管道单元直接与现场的预留口进行法兰连接。

1）管道单元组装

① 将预制加工完成的管道及阀门运输至组装区域,按照装配图纸进行组装。

② 组装完成的管道单元,为方便管道与抱卡的固定安装,用捯链将管道单元垂直摆放,管道单元下方与地面接触,管道下方垫木方,以防管道单元倾斜。

制冷机组进出口管道现场放置见图9.3-45。

2）管道单元运输

① 根据制冷机组管道单元管道的型号,设计便于管道垂直运输的抱卡,抱卡与叉车的货叉连接,抱卡通过螺栓将管道单元抱死,既方便管道的运输及管道的对口连接,又可实现管道抱卡的多次重复利用。

② 为方便管道的运输,确保管道运输过程中的平稳,运输前将机房内设备基础用木方垫平,图9.3-46为管道单元采用叉车运输。

图9.3-45 制冷机组进出口管道现场放置 　　　图9.3-46 管道单元采用叉车运输

3）管道单元安装

① 管道安装前,在管道上方梁上安装固定吊点,悬挂吊链;

② 采用叉车将管道单元模块垂直运输至制冷机组安装位置后,将上方的捯链与管道固定连接,捯链稍微放松一定的余量,便于管道的调节;

③ 运输用的叉车液压系统要有上下、左右、前后一定角度的调节功能,利用叉车对管道进行调节,将管道单元上口与预留口对正,下口与制冷机组管道口对正,对正后用螺栓进行固定。

（9）泵组主管道安装

1）BZ-9~BZ-14主管道为 $DN700$ 和 $DN800$,在现场用自动焊机进行焊接。

2）将 BZ-9~BZ-11 模块（水泵和支架体系）进行就位。

3）用叉车或捯链将3段主管道放置在支墩上进行固定,焊口点焊。保证焊缝周边45cm以上空间无障碍物时即可进行自动焊接作业。

4）焊接小车在管道上是依靠磁力进行吸附,所以在焊接小车行进的轨道区域,必须将螺旋焊缝管的焊缝进行打磨至与管壁平齐,否则可能造成焊接小车掉落的施工事故。

5）安装自动焊接小车,进行一般管道的自动焊接。

6）翻转管道,进行另一半的焊接,完成3个泵组主管道的焊接。

7）利用捯链,将焊接完成的主管道进行提升,就位。

图 9.3-47　管道安装

8）继续进行下一批主管道的自动焊接。

9）阀门短管的装配。

管道安装见图 9.3-47。

10. 调试方案

（1）调试标准

根据设计院的设计参数，在施工现场对有关的设备进行试运转、调试，以满足业主最终使用功能要求。

（2）调试组织架构（表 9.3-33）

调试组织架构　　　　　　　　　　　　　　表 9.3-33

序号	岗位	参与单位与人员	主要工作责任
1	调试专家	总部调试专家	负责审核调试方案和技术指导
2	总指挥	机电工程项目经理	负责主持调试及资源的调配
3	副总指挥	项目总工程师	负责组织编制机电工程系统综合调试方案并报审,组织调试技术交底调试和组织调试,组织编写调试资料汇编、调试报告和设备运行管理手册,并对数据资料进行分析和编写技术总结
4	现场协调	生产经理	负责组织协调调试现场预防事故及事故发生时的抢险抢修、负责调试物资保障供应
5	调试工程师	由调试中心调试工程师组成	负责主持完成机电工程调试工作,并解决调试过程中出现的问题,整理调试报告
6	应急响应小组	各专业及设备商技术维修人员	负责维修调试中出现的问题
7	物资供应小组	各专业物资采购员	负责调试所需物资采购与检测
8	设备供应商	制冷机供应商、其他相关设备供应商	负责相应设备的调试技术支持

（3）调试前准备工作

1）设备单机试运转前，设备找平、找正、清洗等各道安装工序均已完成，并有齐全的安装记录，二次灌浆达到设计强度要求，基础抹面工作已结束，系统管道和电气及相应的配套工程已具备条件，试机所需的水、电、工具、材料等能保证供应。

2）试运转前的其他各项准备工作，包括试运转方案的审定、润滑剂的灌注、安全罩的安装等工作已全部就绪。

3）制冷机房潜污泵及相应管道安装完成，达到排水条件。

（4）开机前的检查、调整及步骤

开机前要求所有的设备根据设计图纸进行挂牌，标明设备的标号、用途等。系统管道流向要求作箭头标志，明示管道系统的流向。对有油漆脱落或有局部破损的地方应进行修补。

1) 检查主机上所有阀门位置是否正常;

2) 检查制冷压缩机油位是否正常,制冷剂充灌量是否正常;

3) 检查各控制及安全保护设定是否正常;

4) 检查控制箱指示灯是否正常;

5) 检查系统管路上所有阀门位置是否正常,是否有漏水现象;

6) 检查制冷主机等设备的电源电压是否正常;

7) 检查制冷主机等设备的进出口压差是否正常;

8) 检查要求启动的回路上的阀门是否正常开关;

9) 上述各部位发现有不正常必须立即修正,方可正常投入运行。

(5) 调试仪器 (表9.3-34)

<table>
<tr><td colspan="6">调试仪器　　　　　　　　　　　　　　　　　　　　　　　　　　　表 9.3-34</td></tr>
<tr><th>序号</th><th>名称</th><th>规格型号</th><th>测量范围</th><th>精度等级</th><th>测量对象</th></tr>
<tr><td>1</td><td>光电转速表</td><td>希玛 AR926</td><td>2.5~99999r/min</td><td>0.1r/min</td><td>转速</td></tr>
<tr><td>2</td><td>接触式转速表</td><td>希玛 AR925</td><td>0.5~19999r/min</td><td>0.1r/min</td><td>转速</td></tr>
<tr><td>3</td><td>测厚仪</td><td>标智 GM100</td><td>1.2~225.0mm</td><td>0.1mm</td><td>材料厚度</td></tr>
<tr><td>4</td><td>接地电阻测试仪</td><td>AR4105A</td><td>0.000~2Ω;
0.00~20Ω;
0.0~200Ω(MΩ)</td><td>±2%±0.01
Ω(2Ω)</td><td>接地电阻</td></tr>
<tr><td>5</td><td>兆欧表(摇表)</td><td>ZC-7500V</td><td>0~500V</td><td>10级</td><td>绝缘电阻</td></tr>
<tr><td>6</td><td>兆欧表(电子式)</td><td>胜利 VC60B+</td><td>2000MΩ</td><td>±(4%±2)</td><td>绝缘电阻</td></tr>
<tr><td>7</td><td>万用表</td><td>胜利 VC97</td><td>750V</td><td>±(0.8%±10)</td><td>电流电压电阻</td></tr>
<tr><td>8</td><td>温、湿度计</td><td>宏诚 HT-635</td><td>0~100%RH/−20~70℃</td><td>±3%/±1℃</td><td>环境温、湿度</td></tr>
<tr><td>9</td><td>测振仪</td><td>标智 GM63A</td><td>0.1~199.9m/s²</td><td>±5%±digits</td><td>加速度和位移</td></tr>
<tr><td>10</td><td>电子卡尺</td><td>苏测 0~150mm</td><td>0~150mm</td><td>0.01mm</td><td>尺寸</td></tr>
<tr><td>11</td><td>红外线测距仪</td><td>宏诚 HT-307</td><td>0.2~70m</td><td>±2mm</td><td>距离</td></tr>
<tr><td>12</td><td>红外线测温仪</td><td>宏诚 HT-866</td><td>−50~330℃</td><td>±2%</td><td>温度</td></tr>
<tr><td>13</td><td>钳形电流表</td><td>优利德 UT204A</td><td>600A</td><td>±(2.5%+5)</td><td>电流电压电阻</td></tr>
<tr><td>14</td><td>压力表</td><td>红旗 Y-200BF</td><td>0~2.5MPa</td><td>1.6级</td><td>液体压力</td></tr>
<tr><td>15</td><td>钢卷尺</td><td>5m</td><td>5m</td><td>小于1/3000</td><td>长度</td></tr>
</table>

(6) 设备单机试运行调试

单机调试有:水泵、制冷机组、定压罐、板式换热器 (表9.3-35)。

<table>
<tr><td colspan="2">水泵单机试运转　　　　　　　　　　　　　　　　　　　　　　　　表 9.3-35</td></tr>
<tr><th>序号</th><th>步骤</th></tr>
<tr><td>1</td><td>关闭出口阀门,开启进水阀,待水泵运行后再将出水阀打开</td></tr>
<tr><td>2</td><td>水泵点动后,应立即停止运转,观察电机运转方向,如不符合工作要求,应调换电机相序</td></tr>
<tr><td>3</td><td>水泵再次启动时,检测电机、电压、电流、振动、转速及噪声等技术参数,并不得超出规范要求,如有不正常现象应立即停机,分析原因,检查处理</td></tr>
</table>

续表

序号	步骤
4	缓慢开启水泵出水管道阀门至设计水泵扬程/压差,并记录负载电流、电压,并测量转速,记录水泵压头等技术参数,并与工作特性曲线比较
5	水泵在运行过程中,应监听水泵轴泵、电机轴承有无杂声,判断轴承是否损坏,轴承运转时滚动轴承温度不高于75℃,滑动轴承不应高于70℃,电动轴承温升不大于电机铭牌的规定值,进口水泵的运行过程中的机械轴封不应出现滴漏现象
6	水泵经检查符合要求后,按规定连续运转2h,如无异常即为合格
7	水泵运行结束,应将阀门关闭,切断电源开关,并按调试运行表格逐一填写

（7）冷却塔调试运转行

1）准备工序

冷却塔调试准备工作见表9.3-36。

冷却塔调试准备工作　　　　　　　　　　表9.3-36

序号	准备工作
1	清扫冷却塔内的夹杂物和污垢,防止冷却水管或冷凝器等堵塞
2	冷却塔和冷却水管路系统用水冲洗,管路系统应无漏水现象
3	检查自动补水阀的动作状态是否灵活准确
4	冷却塔内的补给水、溢水的水位应进行校验;调节浮球阀的调整螺栓,使浮球在合理的位置才开启或关闭
5	逆流式冷却塔旋转布水器的转速等,应调整到进塔水量适当,使喷水量和吸水量达到平衡的状态
6	确定风机的电机绝缘情况及风机的旋转方向

2）冷却塔运转

冷却塔调试步骤见表9.3-37。

冷却塔调试步骤　　　　　　　　　　表9.3-37

序号	步骤
1	检查冷却塔循环水系统,电气系统安装是否正确
2	单独启动同一型号的其中一台冷却塔,测量电机的输出电流
3	调整风机并记录,使电机输出电流接近额定电流,测量冷却塔的进水、出水温度,从而检验冷却塔是否达到使用要求
4	调节浮球阀调整螺栓,使浮球阀按照设置的水位开启或关闭;使喷水量和吸水量达到平衡
5	按上述所得到的数据和结果调节其他冷却塔
6	测试冷却塔振动及噪声情况,调整固定螺栓、减振器、风机角度使其振动及噪声符合要求
7	冷却塔在试运转过程中,随管道内残留的以及随空气带入的泥沙尘土会沉积到集水池底部,因此,调试工作结束后应清理集水池

（8）制冷机组试运转

1）调试流程（图9.3-48）

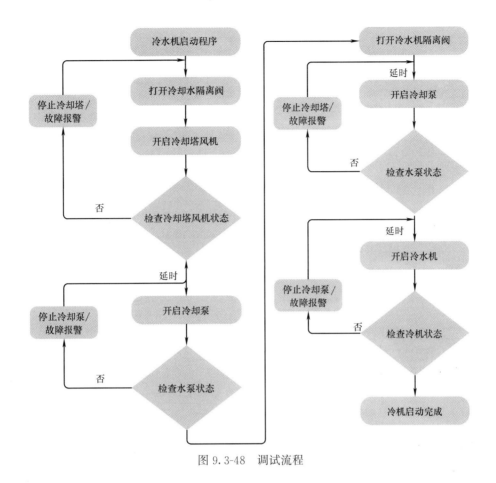

图 9.3-48　调试流程

2）调试步骤（表 9.3-38）

制冷机组调试步骤
表 9.3-38

序号	步骤
1	检查机组的外观及其附件,包括制冷剂、冷冻油、各种功能扩充板等。若发现损坏或遗失应及时汇报
2	关闭制冷剂充注阀和冷冻油充注阀,打开所有系统内部联通的阀门
3	向系统内充注氮气至压力达 0.069~1.03MPa,进行保压试验。充注压力值原则上应为机组运行压力的 1.5 倍
4	对系统进行至少保压 6h,同时进行检漏工作。注意使用灵敏可靠的检漏装置和有效的检漏方法
5	若保压结束,系统内的压力降大于 5%,则必须对整个系统进行彻底的检漏工作。之后重新进行至少保压 6h,直至保压状况达到要求
6	保压工作完成后,排出氮气,对系统进行抽真空的工作。启动真空泵,定时更换真空泵油,将系统的压力抽至绝压 0.667kPa。测量真空度应使用合适量程的湿球温度计或 U 形水银真空计
7	保持真空至少 4h
8	若真空保压完成,可以向系统内再次充注氮气,进行干燥处理。充注的压力为步骤 3 所进行保压压力的 80%,并至少保压 2h。若真空保压未达标,须重复步骤 3 和步骤 4 的工作
9	若干燥保压正常,可开始向系统中充注制冷剂。首先充注气态制冷剂,至系统内压力达 32°F 对应的饱和压力以上。然后运行冷水泵,并从制冷剂充注口向系统内充注液态制冷剂

序号	步骤
10	当水泵运行并向系统内充注液态制冷剂时,应检查机组的水平度及避振弹簧的受力位置。参照安装手册,应确保避振弹簧不被压死。对于使用橡胶避振垫的机组,虽不能做调整,但也要保证机组的水平度
11	检查机组的控制中心及其他功能板的接线。确认控制中心有可靠的接地
12	检查控制中心的各项安全和循环保护动作正常
13	确认主电机的启动柜内部和外部的清洁。检查所有的启动接触器触点动作自如
14	检查控制中心与电机启动柜之间的控制连线,确认所有安全保护连锁的功能正常。做启动柜空载的模拟动作
15	测量电机各端子及向电机供电的主电缆的绝缘度
16	供控制中心和电机启动柜的控制电源,切断电机的三相动力电源。通过控制中心的操作,模拟机组的启动程序。调整启动柜内星-角(半-全压)转换的时间继电器
17	向系统内充注冷冻油,向油泵电机提供动力电源。运转油泵对系统进行1min的预润滑。视情况调整油压调节阀
18	拆卸联轴器罩壳。点动电机,检查电机的转向。若转向有误,更改动力电相序。完成后拆下点动开关,接回控制中心内的跨接片
19	检查油加热器及油加热器的运行电流。在机组运行前检查油温已充分加热
20	对于离心式机组,检查导叶电机及电机转动机构。调节导叶开启/关闭到最大位置/最小位置
21	检查流经机组换热器的水流量和压降,确认水测数据满足设计要求
22	启动机组,并记录星-角(半-全压)转换所需要的时间
23	记录启动电流,仔细观察、聆听,以确认无任何异常的现象/声响。若发现任何异常现象,应立即切断机组的运行
24	保持机组的运行,检查机组的各项运行参数。每15min记录或打印一次运行数据。记录至少四组运行参数
25	监控机组的运行状况。通过控制面板,校准/调节机组运行的设定参数
26	机组低温保护自动停机调试:设定好低温保护停机的冷水及冷却水温度值,测试时将机组的温度传感器插入事先准备好的和低温保护停机的冷水温度值相同的水容器中,延时10s后,制冷机组应自动停止运行。如不停机,则应检查调整,直至动作正确为止
27	机组缺水保护自动停机调试:设定好蒸发器和冷凝器缺水保护停机的水流量值,测试时缓慢关小冷水或冷却水管路阀门,直至机组自动停机为止,此时测量管路流量是否与设定值相符,如不相符则应进行检查调整,直至动作正确为止
28	在完成上述所有开机调试工作之后,汇报所有调试/运行数据,递交调试报告,作为使用期的注册申请使用

（9）定压罐调试

设备的进水管接至软化水箱，进水首先进入到定压罐，罐内有汽水分离膜结构，将进水的气体排出后，定压补水泵开启将罐体内的水送到冷水系统内，待系统的压力达到设定的停泵压力，定压补水泵关闭，停止补水。当冷水系统的压力大于设定的停泵压力时，冷水系统的水通过设备的回水管进入到定压补水罐，通过汽水分离膜装置，能将冷水系统管内的空气排放掉，进而达到了一个动态的循环过程。

（10）定压罐调试步骤（表9.3-39）

定压罐调试步骤 表 9.3-39

序号	步骤
1	首先检查系统水电正常后给装置控制箱通电
2	在设备的控制面板上设定启泵压力和停泵压力自动状态的参数
3	设定好参数后,首先按手动模式启动,如果系统压力低于设置气泵压力,则补水泵启动,当系统压力达到设置停泵压力,则补水泵停止
4	手动调试完成后,切换到自动模式,将其调整为自动状态,开机,补水装置将进入自动定压补水运行

（11）板式换热器调试步骤（表 9.3-40）

板式换热器调试步骤 表 9.3-40

序号	步骤
1	系统安装完毕,试压、冲洗完成合格,系统已灌满水
2	通过控制板式换热器两侧的平衡阀对板式换热器的两侧流量进行平衡调整
3	流量平衡后,在控制器上按设计要求设定板式换热器的二次侧出水温度。将温度调节器温度调到管内水温度以下,此时一次侧回水管电动阀应关闭,将温度调节器温度调至管内水温度以上,此时一次侧回水管电动阀应打开
4	当一次侧供冷条件具备后,启动系统的循环水泵进行换热调试,如果二次侧出水温度接近设定值,此时一次侧回水管电动阀开度应最小。如果二次侧出水温度低于设定值较多时,此时一次侧回水管电动阀开度应最大。否则应检查一次侧流量、温度是否符合设计要求

（12）支架受力分析

制冷机房楼板支架受力分析

根据动力中心结构设计说明,机房楼板处荷载为 $7.0kN/m^2$。

本工程楼、屋面活荷载标准值：施工和使用阶段均严禁超载（表 9.3-41）。

屋面活荷载标准 表 9.3-41

走廊	$2.5kN/m^2$	室外地面	$5.0kN/m^2$	栏杆水平荷载	$1.0kN/m$
诊室、办公室	$2.0kN/m^2$	楼梯、熏室	$3.5kN/m^2$	挑檐、雨篷检修集中荷载	$1.0kN$
阳台	$2.5kN/m^2$	电视机房、空调机房	$7.0kN/m^2$		
卫生间、病房	$2.0kN/m^2$	重症监护	$3.0kN/m^2$	吊顶	$0.5kN/m^2$
口腔科	$4.0kN/m^2$	手术室	$3.0kN/m^2$	MRI	$20.0kN/m^2$
消毒室、库房	$5.0kN/m^2$	等候区	$3.5kN/m^2$	CT	$6.0kN/m^2$
输液大厅	$3.5kN/m^2$	换药区、阅览区	$5.0kN/m^2$	B超、X光室	$4.0kN/m^2$
商业	$3.5kN/m^2$	运动治疗区	$4.0kN/m^2$	变配电室	$10.0kN/m^2$
上人屋面	$2.0kN/m^2$	不上人屋面	$0.5kN/m^2$		

经深化设计,本工程制冷机房 N~M 轴交 2~6 轴区域,面积约 $206m^2$,本区域管道数量多,通过顶板安装固定支架的形式进行安装,根据计算,本区域所有管道（满水带压状态）、桥架、电缆、支架等所有管线重量静荷载为 823kN,动荷载为 1072kN。

经计算,此区域面积约为 $206m^2$,可承受荷载 $206m^2×7.0kN/m^2=1442kN$,远大于管道动荷载 1072kN。

（13）支架膨胀螺栓受力分析

考虑现场多处使用膨胀螺栓，受力最大支架处按在 C15 混凝土上使用膨胀螺栓计算的允许拉力，选用 M12 膨胀螺栓；M12 膨胀螺栓的深度为 75mm，现场结构板 300mm，此外，现场结构板为 C30 混凝土，C30 混凝土的强度比 C15 混凝土的强度大；现场选用型号为 M14 膨胀螺栓，钻孔深度为 120mm，受力会更大足够使用（表 9.3-42）。

膨胀螺栓受力性能 表 9.3-42

螺栓规格(mm)	钻孔尺寸(mm)		受力性能(kg)	
	直径	深度	允许拉力	允许剪力
M6	10.5	40	240	180
M8	12.5	50	440	330
M10	14.5	60	700	520
M12	19	75	1030	740
M16	23	100	1940	1440

注：表列数据系按锚固基体是强度等级为 C15 号混凝土。

现场存在很多不能在侧梁上生根的支架：

1）降板处。

2）西侧通道地面为结构板。

3）现场小梁较多（10cm 左右，钢板无法生根，支架无法受力）。

在现场的支架中：

现场预埋钢板除少量无法在侧梁预埋，其余均在侧梁预埋。

不能在梁上生根的支架，全部都靠梁边（板边）10cm 内，受力较好。因此，制冷机房顶板支架安全可靠。

图 9.3-49 为支架安装图。

图 9.3-49 支架安装图

11. 安全保障措施

（1）安全生产目标

坚持"安全第一、预防为主、综合治理"的安全生产方针，实施建设工程安全生产管理，并以该方针作为制冷机房施工期间内安全生产管理的核心，加强安全生产管理，建立、健全安全环保生产责任制度，完善安全环保生产条件，确保安全环保生产。

（2）安全生产小组（图 9.3-50）

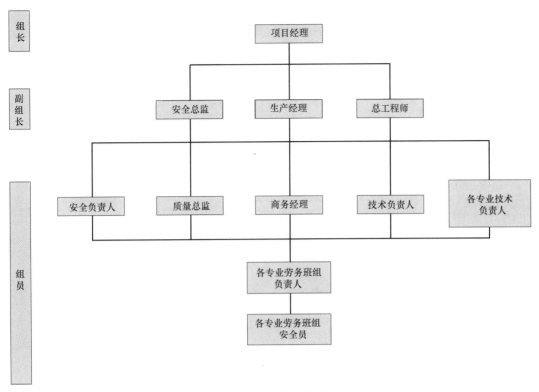

图 9.3-50　安全生产小组

（3）安全生产管理制度（表 9.3-43）

安全生产管理制度   表 9.3-43

序号	制度	基本要求
1	安全教育制度	进入施工现场从事施工的职工,均为已参加培训取得各行业政府主管部门颁发的上岗资格证书的专业人员。在进入施工现场后,在总包单位的指导下对其进行针对本工程的三级安全教育,分别是项目经理部教育、施工队教育、施工班组教育,所有进场施工人员必须经过安全考核合格后方可上岗。施工班组组织一次安全生产学习,组织一次安全生产教育,努力提高全员安全意识,预防安全事故的发生
2	安全技术交底制	根据安全措施要求和现场实际情况,项目部必须分阶段对管理人员进行安全书面交底,生产副经理及各施工工长必须定期对合作业层进行安全书面交底
3	安全检查制	由项目经理组织安全检查;各专业工人和专职安全员对制冷机房区域的安全防护进行检查,督促作业层对安全防护进行完善,消除安全隐患。对检查出的安全隐患落实责任人,定期进行整改,并组织复查
4	持证上岗制	特殊工种持有上岗操作证,严禁无证上岗
5	安全隐患停工制	专职安全员发现违章作业、违章指挥,有权进行制止;发现安全隐患,有权下令立即停工整改,同时上报生产副经理,并及时采取措施消除安全隐患
6	安全生产奖罚制度	项目经理部设立安全奖励基金,根据安全检查结果进行评比,对遵章守纪、安全工作好的班组进行表扬和奖励,违章作业、安全工作差的班组进行批评教育和处罚

（4）危险源（危害）识别与风险评价

在建筑施工中，存在比一般施工场所更多的安全风险。对所有进入制冷机房人员的常规和非常规的施工活动和作业场所内的设施建立和保持危害辨识、风险评估价和实施必要控制措施。通过危害辨识、风险评价，在此基础上优化组合各种风险管理技术。风险管理是以最经济合理的方式消除风险导致的各种灾害后果。

针对安装工程易发的坠落、火灾、触电、机械伤害，对本工程进行了危害辨识、风险评价和风险控制的策划工作。

（5）危害识别与预防措施（表9.3-44）

危害识别与预防措施　　　　　　　　　　　表 9.3-44

重点安全防范对象		主要防范部位	主要伤害类型
施工部位	临边洞口	预留孔、洞，建筑临边	临边坠落，硬物打击
	垂直管径	强弱电井，水井，风井，电梯井	临边坠落，硬物打击
	高大空间	地下室	高处坠落
	消防安全	库房加工	火灾
	临时用电安全	临时照明、临时施工用电，库房加工用电	火灾、触电
	设备吊装	吊装孔，转运区域	坠物伤人

（6）现场安全管理标识设置（表9.3-45）

现场安全生产管理标识设置　　　　　　　　　　　表 9.3-45

序号	铭牌名称	序号	铭牌名称	张挂部位
1	项目组织结构牌	12	通风工安全环境操作规程	
2	施工现场消防管理牌	13	管道工安全环境操作规程	
3	施工现场文明施工管理牌	14	起重工安全环境操作规程	
4	施工现场安全环境纪律牌	15	油漆工安全环境操作规程	
5	安全环境生产牌	16	通风机安全环境操作规程	
6	安全环境记录牌	17	离心水泵安全环境操作规程	现场施工机械、加工场地、设备管道预留洞口、作业场地
7	夜间施工许可证公示牌	18	钣金和管工机械安全环境操作规程	
8	建筑安装工人安全环境技术操作规程	19	高空作业安全环境操作规程	
9	电焊工安全环境操作规定	20	安全用电十大禁令	
10	气焊工安全环境操作规程	21	安全文明施工守则	
11	电工安全环境操作规程	22	文明施工管理规定	

（7）安全标志、标识牌设置

重要作业现场和部位设置安全禁止、警示、指令、提示标志、标识牌（图9.3-51）。

图 9.3-51 安全标志、标识牌设置

9.4 郑州地铁 3 号线一期三标段装配式机房施工方案

1. 工程概况

郑州地铁 3 号线一期工程北起于惠济片区的省体育中心，沿长兴路、南阳路、铭功路、解放路、西大街、东大街、郑汴路、商都路和经开第十七大街走行，南止于陇海铁路圃田站以南的航海东路站，线路长 25.488km，设站 21 座，含换乘站 11 座，正线采用地下敷设方式（图 9.4-1）。

该工程三标段施工范围为贾鲁河出入场线：新柳路站—沙门路站—兴隆铺路站—东风路站—农业路站—黄河路站—金水路站—太康路站，太康路站与二七广场站区间，共 8 站 9 区间的设备区装饰装修工程、动力照明工程、通风空调与供暖工程、给水排水与消防工程。共计 8 个制冷机房，全面采用装配式机房施工。黄河路采用一站式制冷机房，其他站采用离散式制冷机房。

图 9.4-1 地铁 3 号线一期线路图

2. 施工部署

郑州地铁 3 号线三标段预制机房实施方案，见图 9.4-2。

（1）组织机构

在本项目装配式机房实施过程中，项目成立专项课题小组，由中建三局安装技术部（含加工中心、BIM 中心）和项目成员共同组成。

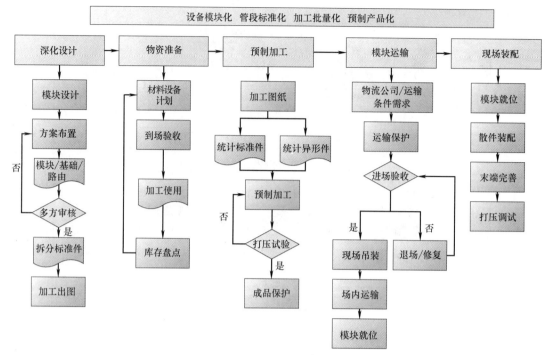

图 9.4-2　郑州地铁 3 号线三标段预制机房实施方案

（2）进度计划

本项目装配式机房涉及多个，方案设计时将会更多地进行产品化的设计，同时批量、化预制加工。计划如表 9.4-1 所示。

<table>
<tr><th colspan="5">郑州地铁 3 号线三标段制冷机房预制加工计划　　　　　　　　　　表 9.4-1</th></tr>
<tr><th>站点</th><th>装配形式</th><th>深化设计</th><th>预制加工开始时间</th><th>预制加工完成时间</th></tr>
<tr><td>黄河路站</td><td>一站式</td><td>完成</td><td>完成</td><td>完成</td></tr>
<tr><td>金水路站</td><td>离散式</td><td>完成</td><td>2020 年 4 月 20 日</td><td>2020 年 4 月 30 日</td></tr>
<tr><td>兴隆铺路站</td><td>离散式</td><td>完成</td><td>2020 年 5 月 1 日</td><td>2020 年 5 月 8 日</td></tr>
<tr><td>太康路站</td><td>离散式</td><td>完成</td><td>2020 年 5 月 9 日</td><td>2020 年 5 月 15 日</td></tr>
<tr><td>新柳路站</td><td>离散式</td><td>完成</td><td>2020 年 5 月 16 日</td><td>2020 年 5 月 23 日</td></tr>
<tr><td>东风路站</td><td>离散式</td><td>完成</td><td>2020 年 5 月 24 日</td><td>2020 年 5 月 30 日</td></tr>
<tr><td>农业路站</td><td>离散式</td><td>完成</td><td>2020 年 5 月 31 日</td><td>2020 年 6 月 7 日</td></tr>
<tr><td>沙门路站</td><td>离散式</td><td>完成</td><td>2020 年 6 月 8 日</td><td>2020 年 6 月 15 日</td></tr>
</table>

（3）加工场地

1）加工厂简介

中建三局安装研发中心及加工中心位于西安市西咸新区某工业园区。加工中心目前具备相贯线，组对装置，自动切割机，自动焊机，物料堆场，带锯床等装置，引进成熟的生产线，通过集中生产，以量换价，降低成本（图 9.4-3、图 9.4-4）。

(a)　　　　　　　　　　　　　　　　　　　　(b)

图 9.4-3　中建三局安装研发中心及加工中心

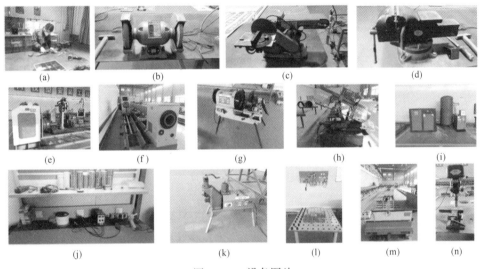

(a)　　　　　　　(b)　　　　　　　(c)　　　　　　　(d)

(e)　　　　　　　(f)　　　　　　　(g)　　　　　　　(h)　　　　　　　(i)

(j)　　　　　　　(k)　　　　　　　(l)　　　　　　　(m)　　　　　　　(n)

图 9.4-4　设备图片

2）加工中心业绩

2016 年完成了西安永利国际金融中心的制冷机房的工作，该项目制冷机房施工包括 18 台循环水泵、475m 管道、256 个阀门的安装施工，采用场外工厂化预制的加工方式，在场外采用工厂化的管理模式，极大地提高了施工效率和施工质量，在 22h 即完成整个机房的拼装工作。

2017 年完成乌鲁木齐高铁综合服务中心 DPTA 机房 2.0 的设计、双层泵组加工、运输工作。

2018 年完成西安爱生无人机（军民融合工业项目），西安幸福林带项目（全球最大地下空间项目）完成防水套管的焊接制作及联合支架的批量化生产任务。

2019 年 5 月完成了西安国际医学中心（西北最大单体医疗建筑）中心 3800m² 大型动力中心制冷机房的设计、加工、运输工作。本加工中心拥有专业深化团队、机械化设备，具备同时批量化预制加工制冷机房的能力，可以满足郑州地铁 3 号线制冷机房预制加工的能力。

3）运输路线

位于西安市西咸新区某工业园区加工中心预制装配式机房运送至郑州地铁 3 号线沙门路以及金水路站，路线图如图 9.4-5 所示。

路径：走沣泾大道—G70 福银高速—G5 京昆高速—G30 连霍高速—兴洛仓隧道—伏羲台隧道—G30 连霍高速—金光快速路—长兴路—沙门路站，全长 495km，预计 7h13min 车程。根据现场实际情况，设备及材料可利用运输车从次要道路进入施工现场。设备进场前，作业施工队应清理现场，留出运输通道。在首层吊装附近提供临时设备堆场，设备堆场位置设置在汽车起重机的作业范围内。预留孔洞为 750cm×450cm，板厚 40cm。预计模块大小为 4.3m×2.5m×3.6m。

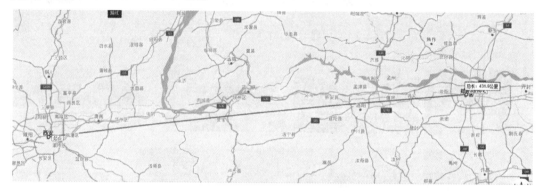

图 9.4-5　路线示意图

3. 深化设计

DPTA 过程见图 9.4-6。

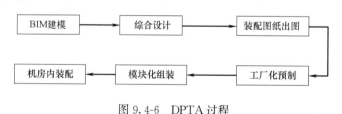

图 9.4-6　DPTA 过程

本标段 8 个站的冷机接管大小和水泵型号均只有两种类型，结合制冷机左右式，充分研究后可以将 8 个站的 32 台水泵、16 台制冷机在一站式制冷机房模块的基础上设计为 6 种一模一样的泵组冷机模块。

在机房模块化设计的理念上，对 8 个站的机房整体排布进行微调，采用统一的模块设计，最大限度地实现构件标准化设计，实现批量化加工，充分发挥工厂化预制的优势。模块构件进场，采用法兰接口，现场组装。大大地提高了制冷机房施工工效，极大限度地减少了机房内焊接作业（图 9.4-7）。

其中黄河路制冷机房采用一站式设计。黄河路站为 3 号线和 5 号线的换乘站，冷源独立设置，冷水机房内设两台螺杆式冷水机组，单机制冷量 640kW，对应设置冷水泵、冷却水泵、冷却塔各两台。单台冷水泵及冷却水泵的设计流量分别为 110m³/h 和 132m³/h，单台冷却塔的设计流量为 180m³/h。车站空调水系统采用一次泵变流量系统，水泵均采用变频泵，管道采用异程式布置。

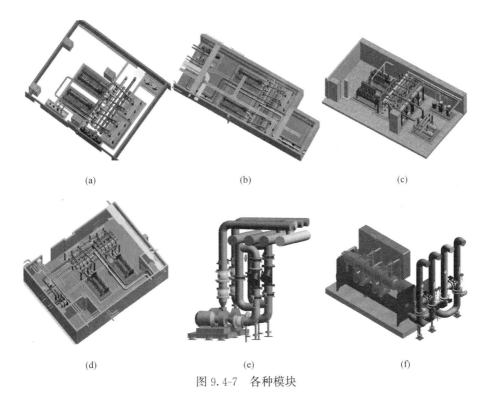

(a)   (b)   (c)

(d)   (e)   (f)

图 9.4-7　各种模块

在原有设计基础上，将水泵、阀门、管道、管道支撑等集成模块进行重新布置，充分考虑运维、检修空间，形成一站式制冷机房（图 9.4-8）。

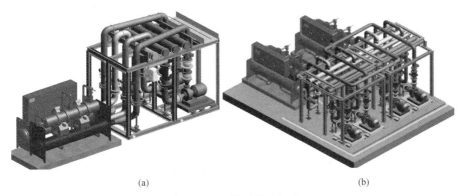

(a)   (b)

图 9.4-8　一站式制冷机房

一站式机房设计理念，是将除制冷机之外的水泵、阀门、管道、管道支撑、水处理装置、泄水、电气、接地、控制、检测集于一体的单元模块化机房。集约化，集成各专业，减少交叉施工与协调，综合考虑运营管理，合理布置阀门仪表位置，提高运营效率；产品化，制冷机与冷水泵，冷却水泵——对应，形成系统上的模数化。针对郑州地铁 3 号线机房，每个站房由 2 个模块组成，将地铁机房的施工简化为模块的安装；构成模块的零件采用标准设计，构件具备可替换性。

4. 装配施工

（1）机电安装专业的施工内容及组织

制冷机房预制加工的核心就是在场外独立设置预制加工厂，采用工厂化的管理模式，对制冷机房管线进行预制加工，加工场内各工种分工明确，充分利用先进的施工机械设备，实现流水化作业；管线、设备的加工采用模块化加工组装，整个制冷机房分为循环水泵单元模块、制冷机组进出口管道单元模块、管道模块等，在场外即实现模块化加工组装。提前完成加工厂布设工作，所有安装使用的支架、风管、管道等必须全部在工厂内加工制作完，严禁在施工现场加工制作。

1）管道预制

利用 BIM 技术对整个制冷机房管道进行综合布置，绘制现场装配图纸，精确确定管道的尺寸，为防止加工及测量误差，在管道的调节部位设置管道调节段，管道提前在加工场地完成下料、焊接、模块组装工作，待现场具备安装条件时，运输至现场进行组装（图 9.4-9）。

 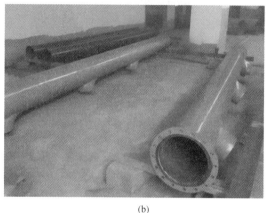

(a)　　　　　　　　　　　　　　　　(b)

图 9.4-9　管道预制

2）模块化组装

① 管道单元组装

加工制作完成的管道，根据装配图纸与阀门等组装成管道单元，便于后期的安装；组装完成的管道单元，编号后运输到现场组装区域（图 9.4-10、图 9.4-11）。

图 9.4-10　管道阀门组装　　　　　　图 9.4-11　制冷机组进出口管道组装

② 阀门、短接组装

将预制完成的管道短接、阀门进行组装连接，组成管段模块。

利用模块单元上方的吊点，采用捯链将管段模块进行提升安装；为防止管道模块被破坏，提升采用吊装带与管段模块绑扎，吊装带再与捯链连接的方式，管段模块安装到位后及时用螺栓与水泵进行固定连接，图9.4-12为水泵、阀门组装。

③ 管道现场装配

根据制冷机组管道单元管道的型号，设计便于管道垂直运输的抱卡，抱卡与叉车的货叉连接，抱卡通过螺栓将管道单元抱死，既方便管道的运输及管道的对口连接，又实现管道抱卡的多次重复利用。

图9.4-13为现场图片。

图9.4-12　水泵、阀门组装　　　　图9.4-13　现场图片

（2）材料及机械组织

1）机械安排（表9.4-2）

机械安排　　　　　　　　　　　　表9.4-2

序号	机械名称	规格型号	数量	状况
1	叉车	2t	3台	良好
2	剪叉升高车	4m	2台	良好
3	手拉捯链	2t	20套	良好
4	等离子切割机	LGK60	1台	良好
5	电动坡口机	ISY-80	1台	良好
6	直流电焊机	ZX7315	5台	良好
7	切割机	400mm	1台	良好
8	卷扬机		2台	良好
9	空气压缩机	PS49120	2台	良好
10	地坦克	20t	6套	良好
11	起道器		2套	良好
12	电动捯链	CD1-10t	2台	良好

2）施工材料（表9.4-3）

施工材料 表9.4-3

序号	材料名称	型号规格	数量	用途
1	循环水泵	以装配图为准	以施工图为准	主材
2	阀门	以装配图为准	以施工图为准	主材
3	无缝钢管	以装配图为准	以施工图为准	主材
4	螺旋焊管	以装配图为准	以施工图为准	主材
5	型钢槽钢	以装配图为准	以施工图为准	管道支架
6	型钢工字钢	14号	以施工算量为准	钢结构支撑架
7	水泵惰性块	以装配图为准	设计为准	循环水泵基础
8	减振弹簧	以装配图为准	设计为准	循环水泵、管道减振
9	木托	以装配图为准	若干	防冷桥
10	钢板	以装配图为准	以施工算量为准	铁构件制作
11	螺栓	以装配图为准	若干	安装
12	法兰片	以装配图为准	若干	管道设备连接
13	活套法兰	以装配图为准	若干	管道连接调节

9.5 地铁一站式机房施工工法

（1）工法内容简述

针对地铁站制冷机房，中建三局安装工程有限公司产研中心，研究适用于轨道交通领域的"地铁一站式机房"。

地铁一站式制冷机房基本是由两部分组成，一部分是制冷机组；另一部分就是一站式制冷机房的集成模块，该模块集成了水泵、阀门仪表、管道及支撑体系、电气照明及控制、检测元件等，将制冷机房内原本离散分布的设备、部件集成到一个外形尺寸约为4m×2.5m×3.5m的模块单元内，并在数字化加工中心完成生产组装，整体运输到现场后，与制冷机组完成"碰口"，就可以完成整个制冷机房大部分的安装任务。

地铁一站式机房的创新点体现在高效有序的设计组合。地铁一站式制冷机房组合装置，包括多个模组，模组包括框架，框架具有底层和顶层；底层上设有冷水循环泵和冷却水循环泵，冷水循环泵分别连接有冷水供水管道和冷水出水管道，冷却水循环泵分别连接有冷却回水管道和冷却进水管道；顶层上依次设有若干主干管，冷水回水管道与冷水供水管道之间、冷却供水管道与冷却回水管道之间分别连接并设有阀门；本项目地铁站用制冷机房组合装置通过模块化设计，将冷却循环和冷水循环集成在一个模组中，使用的过程中根据实际需要进行模组的组合即可完成机房的主要布局，集约化和一站式特点突出，减少交叉施工与协调，提高了工程施工效率和质量。

（2）关键技术及保密点

1）一站式机房BIM全生命周期的多专业协同设计；

2）一站式机房数字化加工与机械化组装。

专利授权；

发明创造名称：一种地铁站用制冷机房组合装置。

申请号或专利号：202120084967.8。

（3）技术水平和技术难度（包括国内外同类技术水平比较）：

地铁一站式机房预制装配施工工法全国领先。

目前实施的装配式机房，泵组模块与冷机模块是分离的，导致系统集成度不高，浪费建筑面积和管材，沿程阻力增加，不利于节能和节地。一站式机房泵组模块与冷机立管、冷机干管高度集成，更加标准化和集约化，利于节地、节能和运维。

（4）一站式机房有如下特点

1）产品化：一站式机房的产品化是指，将除冷机之外的水泵、阀门、管道、管道支撑、水处理装置、泄水、电气、接地、控制、检测集于一体的单元模块化机房，普遍适用于全国地铁站的制冷机房。

2）标准化：根据地铁项目制冷机房的特点，制冷机与冷水泵，冷却水泵一一对应，形成标准的机房产品模块，每个站房由2个机房产品模块组成；构成模块的内部零件，采用标准化设计，利用先进的数字化加工设备可以实现批量化加工。

3）集约化：集成多个专业，减少交叉施工与协调，提高工程施工质量，综合考虑运营管理，合理布置阀门仪表位置，提高运营效率。

中建三局安装工程有限公司产研中心，研究适用于轨道交通领域的"地铁一站式机房预制装配施工工法"，将工程产品化，该一站式制冷机房产品，能普遍适用于全国所有地铁。

（5）工程应用情况及推广应用前景

本工法中在西安地铁14号线项目（2019年9月～2021年6月），郑州地铁3号线项目（2017年4月～2020年12月）得到应用。

西安地铁14号线项目是服务于第十四届运动会的重点工程，面临工期紧张的特点。制冷机房作为地铁站冷热源的心脏，具有设备多、管线复杂、空间狭小等特点，是施工的重点难点。一站式制冷机房产品，在西安地铁14号线三义庄站成功实施。提前在场外进行预制加工，待现场具备安装条件时，实现现场一站式机房快速就位安装。因此，本工法作为地铁制冷机房安装领域，整体一站式预制装配的一次尝试，积累了一定的制冷机房预制加工装配的施工经验。

国内关于地铁一站式机房预制装配施工工法为空白，为了使地铁一站式机房预制装配施工工法得到推广应用，打造一站式制冷机房的创新智慧成果，助力全国地铁建设，彰显中国建筑在轨道交通领域，通过科技研发，致力于解决全国地铁站制冷机房的快速预制装配技术方案，确保地铁站制冷机房如期投入使用。

（6）社会效益

全国首创一站式制冷机房，对地铁站制冷机房进行标准化和产品化设计，将除冷机之外的水泵、阀门、管道、管道支撑、水处理装置、泄水、电气、接地、检测集于一体的单元模块化机房。利用先进的数字化加工设备，在加工中心进行高质量、高精度、高效率的预制加工，并在厂内进行装配，现场只需完成两个模块的安装，可以极大发挥节地、节材、节时等优势。一站式机房在郑州地铁3号线成功实施，获得业界一致好评，适用于全国地铁站。

1. 前言

新冠肺炎疫情给全国部分城市建设按下了暂停键，疫情告一段落之后，重大民生工程逐步复工，为了抢回被新冠肺炎疫情耽误的工期，各项目都千方百计想办法。制冷机房作为地铁站冷热源的心脏，具备设备多、管线复杂、空间狭小等特点，是施工的重难点。针对众多地铁项目制冷机房小、多、似等特点，为减少各个机房之间的差异性。中建三局安装工程有限公司产研中心，通过技术创新，以西安地铁3号线为依托，研究适用于轨道交通领域的"地铁一站式机房预制装配施工工法"，致力于解决全国地铁站制冷机房的快速预制装配技术方案，缩短现场施工时间，提高工程质量，研究快速预制装配的产品化制冷机房。确保地铁站制冷机房如期投入使用。该一站式制冷机房产品，能普遍适用于全国所有地铁。

2. 工法特点

地铁一站式机房预制装配施工工法有如下特点：

（1）产品化：地铁一站式机房预制装配施工工法的产品化是指，将除冷机之外的水泵、阀门、管道、管道支撑、水处理装置、泄水、电气、接地、控制、检测集于一体的单元模块化机房，普遍适用于全国地铁站的制冷机房。

（2）标准化：根据地铁项目制冷机房的特点，制冷机与冷水泵，冷却水泵一一对应，形成标准的机房产品模块，每个站房由2个机房产品模块组成；构成模块的内部零件，采用标准化设计，利用先进的数字化加工设备可以实现批量化加工。

（3）集约化：集成多个专业，减少交叉施工与协调，提高工程施工质量，综合考虑运营管理，合理布置阀门仪表位置，提高运营效率。

全国首创一站式制冷机房。将地铁站制冷机房进行标准化和产品化设计，利用先进的数字化加工设备，在加工中心进行高质量、高精度、高效率的预制加工，并在厂内进行装配，现场只需完成安装两个高度集成的模块，可以极大发挥节地、节材、节时等优势。助力全国地铁建设，彰显中国建筑在轨道交通领域，通过科技研发，匠心打造一站式制冷机房的创新智慧成果。

3. 适用范围

本工法适用于地铁制冷机房施工安装。

4. 工艺原理

地铁一站式机房预制装配施工工法设计理念，是将除冷机之外的水泵、阀门、管道、管道支撑、水处理装置、泄水、电气、接地、控制、检测集于一体的单元模块化机房，并且提供一站式服务。

对制冷机房运用BIM技术进行优化设计综合排布，为提高建模精度，对机房内水泵、阀门、管道管件等按照实物尺寸进行精细化建族，建模精度达到毫米级别，对整个机房出装配图纸，装配图纸交场外预制加工厂预制加工，对整个机房按照装配图纸进行预制，并提前在加工厂完成模块化组装，待现场机房具备施工条件后，在现场实现机房管线设备的快速模块化无焊接装配。此施工方法由于在场外加工厂统一加工制作，采取工厂化的管理模式，施工效率大大提高，施工质量得到保障，极大地缩短了机房的施工工期，并且不受机房内土建施工进度的影响，施工完成后的机房美观，改善工人机房内的施工作业环境。

深化设计阶段即充分考虑后期机房的运行、维保、检修等方面的内容,设计过程中体现人性化设计,此机房的施工技术具有较大的推广应用价值。

5. 施工工艺流程及操作要点

(1) 施工工艺流程

工艺流程图见图 9.5-1,项目实施流程图见图 9.5-2。

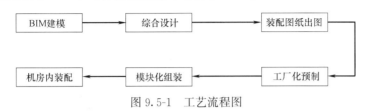

图 9.5-1　工艺流程图

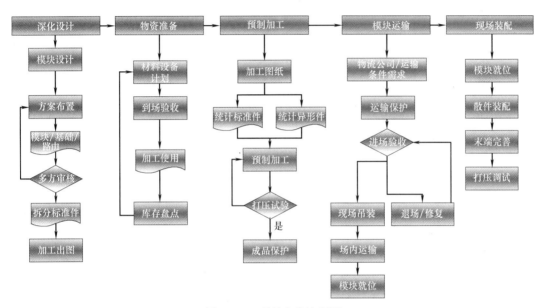

图 9.5-2　项目实施流程图

(2) 施工操作要点

1) 全专业 BIM 协同深化

地铁一站式机房预制装配施工工法基于 BIM 技术,完成高精度模型的建立和全专业深化设计;并出具工业级的装配图纸。设计过程中,充分考虑室内人体工程学、节能降耗等因素,使机房兼具人性化、智能化、绿色节能的特点。

① BIM 建模前准备

A. 确定建模实施范围;有合同的根据合同中相关约定确定实施范围。

B. 确定建模实施标准;确定使用的软件类型,软件版本,模型精度,项目应用点。

C. 确定项目交付标准;确定交付文件的格式、交付文件的相关标准以及其他具体细则。

D. 确定项目的时间节点;根据项目要求的时间节点做相应的工作划分以及 BIM 工作进度计划。

E. 确定项目实施的条件是否具备;核实图纸是否已经提供,图纸是否完整,图纸的质量是否满足建模的要求，时间节点是否能够满足。

设计关键环节见图 9.5-3。

图 9.5-3　设计关键环节

② BIM 建模综合排布

A. 按详图建模型。机房区域设计方会提供详图，详图中会提供管线的路由，主干管的具体标高，以及设备的编号，阀门、仪表等的具体位置。首先按照设计方提供的详图建模，按需进行深化设计。另外在添加设备时需要与厂家沟通，了解设备的尺寸，接口处的具体标高和具体位置。

B. 注意机组接口位置。接机组的管线需要考虑阀门、仪表等需要的安装空间。

C. 避让原则。机房中的主干管管径较大，主干管尽量不翻越，遵循小管让大管的基本原则，合理地利用梁窝。既节省空间，又达到造价低易安装的效果。

D. 考虑托架、吊架位置。支吊架的作用是承受管道的重量，在管线布置合理的情况下应该考虑安装托架、吊架承重效果比较好的具体位置，并考虑该位置是否安装方便。

E. 安装方便原则、检修方便原则、美观原则。由于机房管线管径较大，如果管线之间间距过小的话安装会比较困难，所以应该在有限的空间内尽量增加管线的间距。其次需要考虑检修空间，排布在高位的管道也需要留出维修人员的维修操作空间，一般考虑至少 300mm×300mm 的维修空间。最后需要考虑美观原则，管线成排布置，管线之间的间距相同，上下排管线有层次感。

图纸与模型见图 9.5-4。

2）地铁一站式机房预制装配施工工法设计

本地铁站用制冷机房组合装置通过模块化设计，将冷却循环和冷水循环集成在一个模组中，使用的过程中根据实际需要进行模组的组合即可完成机房的主要布局，集约化和一站式特点突出，减少交叉施工与协调，提高了工程施工效率和质量，并且合理布置各个管道、阀门和仪表位置，便于维护，有利于提高后期运营效率（图 9.5-5）。

地铁站用制冷机房组合装置，包括多个组合使用的模组，模组包括框架，框架有底层和顶层；底层上并排地设有冷水循环泵和冷却水循环泵，冷水循环泵分别连接有冷水供水

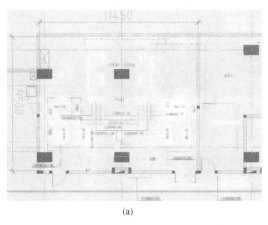
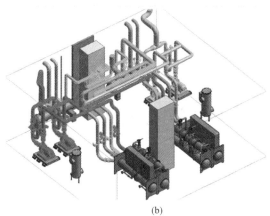

(a)　　　　　　　　　　　　　　　(b)

图 9.5-4　图纸与模型

管道和冷水出水管道，冷却水循环泵分别连接有冷却回水管道和冷却进水管道；顶层上依次设有第一主干管、第二主干管、第三主干管和第四主干管。第一主干管连接冷却进水管道，第二主干管连接冷水出水管道，第三主干管连接有冷水回水管道，第四主干管连接有冷却供水管道。冷水回水管道向下延伸至底层，冷水回水管道与冷水供水管道之间连接并设有阀门；冷却供水管道向下延伸至底层，冷却供水管道与冷却回水管道之间连接并也设有阀门。

①冷水循环泵和冷却水循环泵成对地设置，并与制冷机（热交换装置）对应设置，形成冷却系统上的模数化，不仅简化了安装和施工工序，还能够达到较好的冷却降温效果（图 9.5-6）。

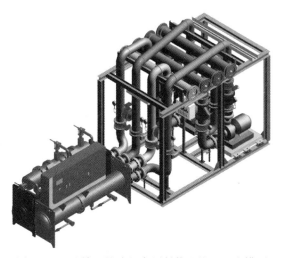

图 9.5-5　地铁一站式机房预制装配施工工法模型　　　图 9.5-6　冷却泵、冷水泵组模数化

②框架以及这些管道、阀门等均采用模块化零件、标准化设计，布置结构条理清晰，各部件均具有可替换性，一方面在预制加工和运输过程中，较为方便和省事，成本效益较佳，另一方面也便于后期的维修保养（图 9.5-7）。

③底层上设有一对减振台座，减振台座与底层的边框之间设有若干弹簧减振器；一

对减振台座上分别安装冷水循环泵和冷却水循环泵（图 9.5-8）。

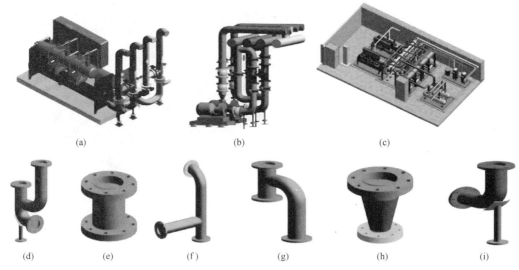

(a)　　　　　　　　　　(b)　　　　　　　　　　(c)

(d)　　　(e)　　　(f)　　　(g)　　　(h)　　　(i)

图 9.5-7　标准化部件

④ 减振台座和弹簧减振器的使用，能够减缓这些水泵和电机运行时带来的振动，降低噪声，减少管道连接因振动造成的松动；直接设置在框架上，不用单独做设备基础。

⑤ 框架为若干工字钢焊接或者螺接形成的落地桁架结构，底层和顶层之间通过若干竖向立柱支撑连接，竖向立柱两侧与底层之间分别设有斜肋板（图 9.5-9）。

图 9.5-8　减振台座

图 9.5-9　减振台座和减振弹簧

⑥ 整体采用落地钢桁架结构，配合立柱支撑连接，结构稳定可靠，而且减少对墙梁板的安装依赖，只需要提供平整场地即可安装施工（图 9.5-10）。

图 9.5-10　整体框架

⑦ 底层具有底层矩形边框，底层矩形边框内设有一对底层横梁，其中一个底层横梁与底层矩形边框之间设有连接梁并分别形成安装冷水循环泵和冷却水循环泵的空间；底层横梁上还设有若干底层管支撑，底层管支撑分别支撑冷水供水管道、冷水回水管道、冷却回水管道、冷水出水管道和冷却进水管道的弯管部分（图 9.5-11）。

图 9.5-11 底层铺设花纹钢板

⑧ 采用该种结构的底层结构简单，易于两种水泵的独立安装，便于多种管道的接入和引出，管道间不交叉，避免交叉施工；底层管支撑能够支撑各种管道的弯管部分，能够形成竖向和横向的多向支撑力，支撑更加稳定（图 9.5-12）。

图 9.5-12 底层框架

⑨ 底层管支撑包括螺栓连接在底层横梁上的连接法兰，连接法兰上设有支撑柱，支撑柱的上端部设有倾斜设置的弧形支撑板，弧形支撑板与弯管部分的外轮廓相适配设置。相当于在管道受力较大处设置底层管支撑（图 9.5-13）。

图 9.5-13 弯头支撑

⑩ 顶层具有顶层矩形边框，顶层矩形边框内设有顶层横梁，顶层矩形边框和顶层横梁上分别设有用于固定第一主干管、第二主干管、第三主干管和第四主干管的等间距平行排列的顶层管支撑；顶层矩形边框上还设有一对平行的横架，横架上设有用于固定冷水供水管道和冷却回水管道的顶层管支撑（图 9.5-14）。

⑪ 顶层的结构布置也通过合理的规划，将各种管道有条理地支撑，顶层管支撑能够有效地连接和固定这些管道，将受力均匀分布在框架上。顶层管支撑为固设在顶层横梁和横架上的安装板，安装板上设有圆形的安装孔（图 9.5-15）。

⑫ 框架远离冷水循环泵和冷却水循环泵的一侧的外部设有换热装置，换热装置连接冷水供水管道、冷水回水管道、冷却回水管道和冷却供水管道的端部；第四主干管的一端连接至外部的冷却塔（图 9.5-16）。

图 9.5-14   顶层管道斜接直连

图 9.5-15   顶层横管管道支撑

图 9.5-16   与冷却塔连接管道采用法兰连接

⑬ 框架上设有集成照明,集成照明设置在靠近阀门和仪表处,便于阀门和仪表处的照明亮度,有利于后期运营管理(图 9.5-17)。

图 9.5-17   设置照明系统

⑭ 底层的管道分别连接有排水管,框架的周边设有排水沟并连接至地漏,排水管分别连接排水沟,形成集中泄水的设计(图 9.5-18)。

⑮ 模组内还设有集成配电与接地,采用架空地板的地插原理,防水电缆连接水泵配电,水泵与框架的支撑体系接地,框架再整体接地,安全性更高(图 9.5-19)。

图 9.5-18　设置集中泄水

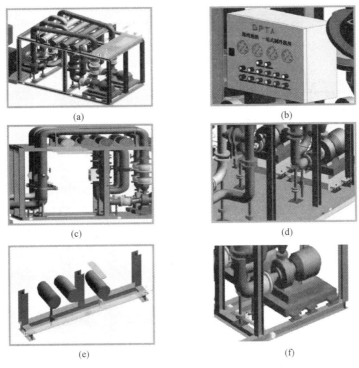

图 9.5-19　地铁一站式机房预制装配施工工法设计亮点

（a）集成水泵电缆桥架；（b）集成检测仪表；（c）通道补充照明；

（d）通道增设花纹钢板；（e）集中泄水；（f）惰性快隔振

3）预制加工图

根据地铁一站式机房预制装配施工工法的装配顺序，对机房的所有机电管线进行装配段的划分，对装配段内的每段管道、管道附件、设备进行编号，针对不同零件出具节点详图，出具零件明细表。最后出具装配段装配图纸。

将机房的设备进出口管路、配件、阀部件、仪表、支座等划分成一个项目级的标准模块组，根据管径再对组件标准化设计。增加非标件解决机房结构差异性问题。对于不同机房主管道高度不同的问题，可以利用非标准段模块在长度方向的调整做一个补偿，可以根据每个项目的具体情况单独设计（图 9.5-20～图 9.5-24）。

ST 03构件加工料表与技术参数				
序号	名称	规格	参考长度(mm)	备注
1	无缝钢管	DN200	1232	
2	无缝钢管	DN200	见母管详图	
3	无缝钢管	DN200	245	
4	无缝钢管	DN200	113	
5	蝶阀法兰	DN200	翻边5mm	
6	焊接弯头	DN200	1.0倍小弯头	
总计数量： 个				

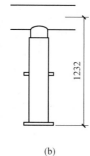

(a) (b)

注意：
1. 法兰执行《钢制管法兰 第1部分：PN系列》GB/T 9124.1—2019，蝶阀专用法兰；
2. 压力表支管DN15，温度计支管DN20，泄水支管DN32，弯头支撑DN65；
3. 构件定位尺寸为管中心间距，或者横截面距离法兰边距离（不含法兰止水环凸台）；
4. 管道元件下料尺寸为随动尺寸，仅供参考；
5. 所有法兰孔按照两孔中心组对（设备需核查）；
6. 组对要求横平竖直，点焊不少于8处；焊接要求焊缝高出管面1~2mm，焊缝宽出坡口2mm，焊面光滑，无气泡夹杂；
7. 定位尺寸为构件合格的判别标准；
8. 成品构件内壁的熔渣，氧化物，铁销需清理干净。

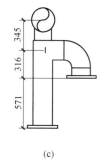
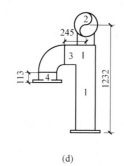

(c) (d)

图 9.5-20 部件加工图

（a）ST 03 三维；（b）ST 03 前视图；（c）ST 03 右视图；（d）ST 03 左视图

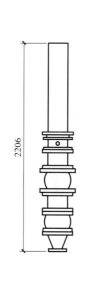
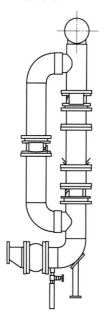

(a) (b)

图 9.5-21 部件组装图

（a）LDB-出口-组装；（b）LDB-进口-组装

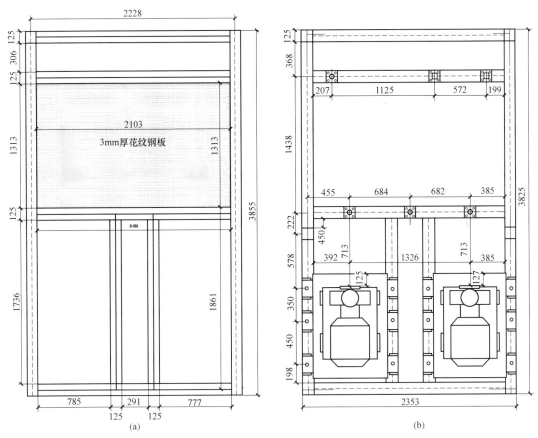

图 9.5-22 型钢加工图

（a）框架 F1 制作；（b）框架 F1 安装

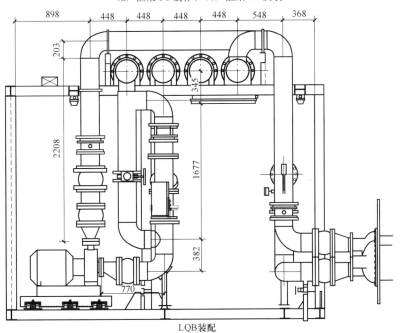

图 9.5-23 装配图

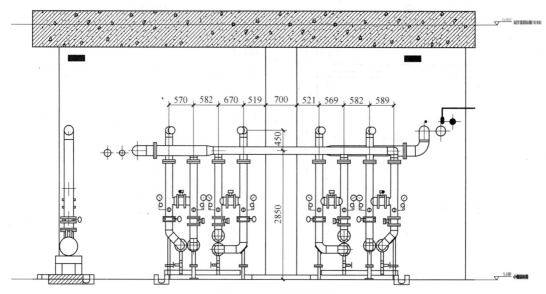

图 9.5-24　现场定位图

4）生产计划安排

根据加工内容，将地铁一站式机房预制装配施工工法加工内容分解，分别统计各种规格管道数量，焊缝以及所需的不同工种的天数，最后累计求和所得总加工工期（表9.5-1）。

工作内容分解　　　　　　　　　　　　　　　　　　　　　　表 9.5-1

序号	内容	规格 （DN）	数量 （m）	焊缝 （条）	时间 （d）	管工 （人）	焊工 （人）	小工 （人）
1	冷却水泵管道预制	150	13	32	1.5	1	2	3
2	冷水泵管道预制	150	13	36	1.5	1	2	3
3	水处理设备管道预制	150	31	80	2	1	2	3
4	冷机管道预制	150	33	88	2	1	2	3
5	分集水器管道预制	200	7	20	1	1	2	3
6	设备泄水管道预制	50	9	28（套丝）	1	1	2	3
7	冷机冷水干管预制	200	11	8	0.5	1	2	3
8	冷机冷却水干管预制	250	37	14	1	1	2	3
9	水泵冷却水干管预制	250	24	10	1	1	2	3
10	水泵冷水干管预制	200	24	10	1	1	2	3
11	其余干管预制	200	30	12	1	1	2	3
12	小计		250	338	13.5	14	27	41
13	支架预制加工	型钢	1.5t		4		3	2
14	小计	型钢	1.5t		4		3	2
15	总计				13.5			

按照加工步骤以及工序时长，安排每个工序所需时间（9.5-25）。

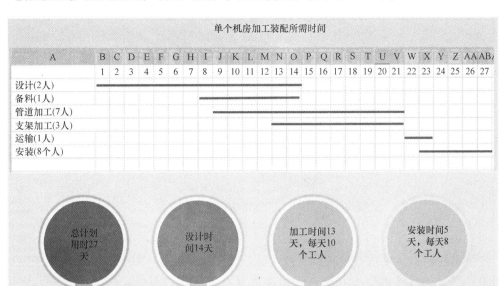

图 9.5-25　工作内容分解

5）材料验收

① 管道预制材料的材质、规格、型号应符合设计文件的规定，如需材料代用，应征得委托方或设计方的同意和书面确认，图 9.5-26 为管道验收测量。

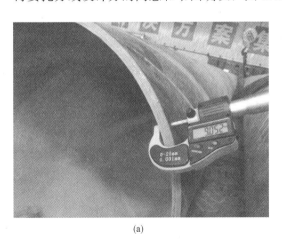

(a)

(b)

图 9.5-26　管道验收测量

② 管道预制所用的材料、管道组成件等应有制造厂的质量证明书，其质量不得低于国家现行标准和设计文件的规定。

③ 外购钢管、管件应进行如下入厂验收：A. 进口钢管、管件应有商检合格文件和制造厂的质量保证书；B. 设计文件要求进行低温冲击韧性试验的材料或进行晶间腐蚀试验的不锈钢材料，应核对供货方提供的相关材料。

④ 检查钢管的钢号和材料编号印记，应与其材质保证书相符。

⑤ 根据订货合同和执行的相关标准，逐根检测钢管的外径、厚度、圆度和长度，并做出检测记录，对壁厚为正偏差的管段做出标记（图 9.5-27）。

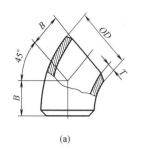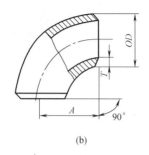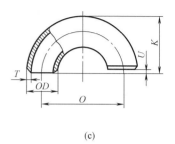

（a）　　　　　　　　（b）　　　　　　　　（c）

图 9.5-27　弯头验收测量

（a）45°弯头；（b）90°弯头；（c）180°弯头

6）预制加工厂

传统机房的施工模式是现场量一段，做一段。地铁一站式机房预制装配施工工法利用管道相贯线、焊接机器人、等离子切割设等自动化生产设备取代人工作业，完成除锈、切割、坡口、组对、焊接、喷漆等工艺。通过组装形成产品化的预制机房模块。制冷机房预制加工的核心就是在场外独立设置预制加工厂，采用工厂化的管理模式，对制冷机房管线进行预制加工，加工厂内各工种分工明确，充分利用先进的数字化加工机械设备，实现流水化作业；管线、设备的加工采用模块化加工组装，整个制冷机房分为循环水泵单元模块、制冷机组进出口管道单元模块、管道模块等，在场外即实现模块化加工组装。

配备相贯线、组对装置、自动焊、带锯床、等离子切割、管道自动除锈机、空气压缩系统等专业加工设备。现作为中建三局工程技术研究院安装分院，承担中建三局安装工程的创新课题研究任务。技术研究目标主要有：①研究成套数字化加工装备的升级改造及其检测装置；②各数字化加工设备之间的物流运输系统；③用于建筑机电预制的生产数据与 BIM 信息模型的数字孪生技术；④研究开发适用于装配式机电系统的机械化装配设备。

图 9.5-28 为加工中心平面图。

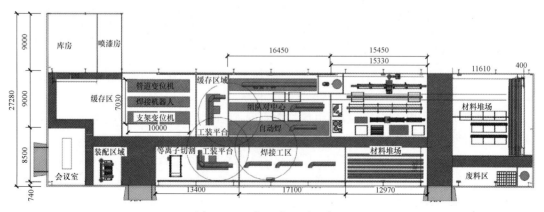

图 9.5-28　加工中心平面布置

7）通过式管道除锈

在施工现场或者管道预制加工厂，管道除锈大多使用手持角磨机的除锈方式。效率低、质量差、环境污染严重、危害工人健康。市场上的除锈设备，无论是抛丸还是喷砂，设备体积巨大不宜在项目搬运，机器成本昂贵，初次投入成本高，劳务不愿意采购，大型除锈机械不宜在项目推广使用，手持角磨机效率低，采用通过式管道除锈机可以解决以上问题（图9.5-29）。

通过研究金属表面处理原理，自行设计通过式管道除锈设备。除锈机采用角度可调的支撑橡胶轮，摩擦带动钢管做螺旋前进运动，平行钢丝辊轮做圆周运动，高速运动的钢刷，剥离金属表面的氧化物，达到除锈的效果。通过式管道除锈机具备高效率、高质量、低成本、对人体少危害的特点（图9.5-30）。

图9.5-29　管道除锈　　　　　　　　图9.5-30　管道除锈效果

8）数控等离子相贯线切割管道

① 传统的管子加工均采用手工下料，工艺流程是：对相贯线轨迹放样—制作模板—工件划线—手工切割—对样打磨。如此烦琐的加工方法，不仅生产效率低，劳动强度高，而且产品质量差，无法保证工件相贯后均匀的焊缝。数控相贯线切割机，不仅生产效率高、劳动强度低，而且切割精度高，切割后的零件可直接进行焊接，保证工件相贯后的焊缝误差小于1mm。因此该设备是管道预制加工的关键设备（图9.5-31）。

② 机器机械部分主要由移动机架、动力旋转头和切割头等组成。移动机架采用了整体设计、通过机械整体加工，使得运行导轨与托架导轨保持平行，这样大大地调高了机器的工作精度。在移动架的侧面上、下安装有两根相互平行的直线导轨，导轨间安装精密齿条，通过移动体上的驱动系统带动齿轮转动，实现了纵向齿轮、齿条传动。动力旋转头通过伺服电机带动多爪自定心卡盘旋转，由卡盘带动工件正、反向旋转。切割头是由双伺服电机进行控制，可以作轴向和径向偏摆。由系统控制这些运动轴的联动，实现管子相贯线的切割。数控相贯线切割机，是以五轴数字控制系统为标准，只有当切割（火焰）坡口角度需要至55°时可选配辅助轴（P轴），即六轴数字控制系统。整个机器多根运动轴的联动由系统控制，图9.5-32为相贯线切割管道。

③ 相贯线操作流程

A. 开机前检查。

（A）等离子枪头在最高点；

（B）电源线是否正常；

（C）地线是否接地；

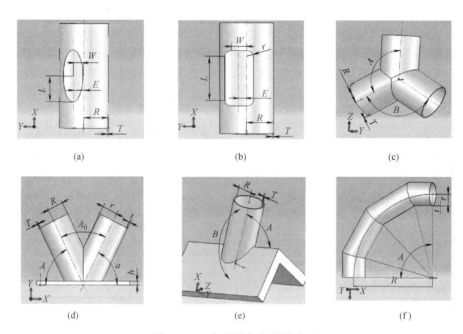

图 9.5-31　相贯线切割管道类型

（a）椭圆切割型；（b）圆角方孔切割型；（c）对接管切割型；
（d）平面双管切割型；（e）矩形支管切割型；（f）虾米管切割型

管道相贯、切割

图 9.5-32　相贯线切割管道

（D）空压机是否打开；

（E）枪嘴是否完好。

B. 按下电脑主电源，等待电脑完全启动。

C. 打开编程软件。

（A）认清软件中心功能，单位，中心到中心距离。

（B）示例（$DN350$ 管道平面切割编程与马口连续编程）。

D. 切割。

（A）启动四轴联动按钮；

（B）打开切割软件，并认识软件中心功能；

（C）选择已编好的切割程序，并调整枪头到切割位置，设置零位；

（D）点 F9，然后 F10，演示切割，以防编程出错；

（E）打开等离子切割机，并检查气体是否正常。

E. 切割完成后。

（A）把枪头调到最高位；

（B）移动小车，方便桁车吊装；

（C）关闭四轴联动电源，然后关机，黑屏后关闭主启动电源及等离子电源，图 9.5-33 为相贯线切割管道成型效果。

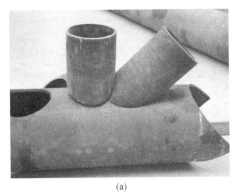
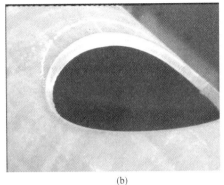

(a)   (b)

图 9.5-33　相贯线切割管道成型效果

9）数字化管道组对

① 组对机为定点焊接设备，主要是将直管与法兰、弯头、三通等相应管件定点在指定的位置上并焊接牢固。两端装配机手动夹紧固定后，两端装配机移动的形式，中间放置两台小车，可进行直管与两头法兰组对、一头法兰、一头弯头等多种组对形式。A. 采用 PFGC-24 管子-管件组对中心，由法兰装配机、多功能装配机、小车以及行走轨道组成。

B. 法兰装配机：三卡爪自定心手动夹紧，可行走粗调，实现装配工作。C. 多功能装配机：可将法兰、弯头、三通等管件通过切换进行紧固，实现管与管件组对工作。D. 该设备用于经下料好的管子的单头或双头法兰或套管的半自动装配，管子的形式有：单头法兰、双头法兰、一头法兰一头弯头、三通等结构形式（图 9.5-34）。

图 9.5-34　管道组对机

② 设备使用方法。

A. 成型无缝钢管准备；

B. 在相应工作台将直管吊装送管件于托管小车上；

C. 将法兰、弯头等管件固定于组对装配机上；

D. 装配机将管件紧固；

E. 装配机一端固定，另一端移动；

F. 控制小车升降以及变位机移动配合完成定位组对；

G. 人工点焊，将点焊完成的管子通过移出设备。

③ 设备性能特点。

A. 该专机专门适用于各类圆形管的管-管件组对工作，为下一步自动焊接做准备；

B. 采用多功能装配机头，满足各类管件的组对工作；

C. 装配机可横向移动，满足不同长度的管件组对焊接；

D. 托管小车控制系统手动升降调控，满足不同管径的管件的组对要求；

E. 主控制系统统一调控，可操作性极高，减少人力，加大工作效益。

图 9.5-35 为管道组对使用效果。

10）机器人焊接管道

① 机器人焊接管道设备主要包括：TIME R6-1400 时代焊接机器人 1 台，TDN5000M 脉冲二氧化碳气体保护焊接电源 1 套，冷却水箱 1 套，TBI RM 42W 水冷焊枪 1 套，TBI KS-2 防碰撞传感器 1 套，送丝机构 1 套，清枪剪丝机构 1 套，管道相贯线焊接模块 1 套，行走机构 1 套，旋转倒挂外部轴 1 套，头尾架变位机 1 套，尾架行走机构 1 套，三爪卡盘 2 套（含夹爪），剪叉支架 2 套，电气控制系统 1 套（图 9.5-36）。

图 9.5-35 管道组对机使用效果　　　　　图 9.5-36 机器人焊接管道设备

② 设备优势。

A. 快速便捷的操作方式，提高整体工作效率；

B. 旋转倒挂外部轴，实现机器人的双工位布局，一机多功用，提高设备利用率，工作台一侧，可覆盖 1600mm×8000mm 的工作空间；

C. 预留激光传感器接口，为设备功能扩展提供空间；

D. 从底层算法上的改变支持用户的高端需求；

E. 弧焊软件包拥有强大的焊接功能：支持普通和脉冲二氧化碳气体保护焊、氩弧焊，数字通信接口，具有 Sine、Circle、Triangular 等摆动波形，可调整摆动形态：单摆、三角摆、L 摆；并能够调整摆动振幅、行进角度和摆动频率，实现准确模拟人工焊接动作；

F. 可实现机器人、变位机和行走机构的 8 轴联动，在焊接过程中工件实时变位，实现复杂焊缝高质量焊接；

G. 具有防碰撞、示教编程、自动摆动焊接工艺、自动清枪剪丝等功能。

图 9.5-37 为机器人焊接管道。

③ 具体操作流程如下所述：

A. 在变位机上装夹工件；

B. 将相贯线轨迹 8～16 等分并画上标识，取相贯线靠近机器人一侧最低点为起弧点；

C. 示教编程，拾取 8～16 个标识点；

D. 在同一侧，相同直径支管，无需示教，只需在相贯线焊接程序中输入两支管相对距离偏移即可，若组对一致性差（误差大于 1mm）需修点，完成示教编程；

E. 执行焊接程序，完成管件焊接，拆下工件；

F. 装夹焊接相同工件时，待装夹完毕，将机器人置于起弧点，操作变位机调整工件起弧点标识与机器人起弧点重合，若工件组对一致性好（误差小于 1mm），无需修点，直接焊接即可。

机器人焊接管道成型效果见图 9.5-38 所示。

图 9.5-37 机器人焊接管道

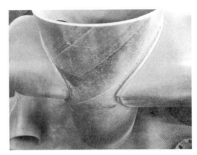

图 9.5-38 机器人焊接管道成型效果

11）地铁一站式机房预制装配施工工法模块组装

循环水泵单元模块化组装

每个地铁站总计有两个模块，每个模块包含循环水泵共计 2 台，1 台冷水循环水泵，1 台冷却水循环水泵，及其管道阀门，还包括系统干管以及冷机 4 根立管，每个单元模块包括水泵惰性块、水泵、阀门、管道及其他附件。

A. 水泵惰性块安装

惰性块安装。由于需要将水泵惰性块的四个弹簧一次安装到位，为便于水泵惰性块安装过程中的位置调节，需要对惰性块进行吊装安装，水泵惰性块运输到组装区域后，将水泵惰性块用吊装带进行捆扎，然后用吊车将吊装带吊起，缓慢对正减振弹簧的螺栓。惰性块安装过程中，水泵惰性块略微倾斜，水泵惰性块缓慢下降，4 个减振弹簧孔按照先接触先安装的顺序依次进行对正安装（图 9.5-39）。

B. 水泵安装

用桁车将水泵放置到水泵惰性块的槽钢横担上。水泵位置精确调整。在单元模块钢结构上方设置吊点，采用捯链将水泵吊起，对水泵进行精确位置调整，位置调整到位后，采用螺栓进行固定（图 9.5-40）。

图 9.5-39 水泵惰性块

图 9.5-40 水泵安装

C. 阀门、短接组装

（A）将预制完成的管道短接、阀门进行组装连接，组成管段模块（图 9.5-41）。

（B）利用模块单元上方的吊点，采用捯链将管段模块进行提升安装；为防止管道模块被破坏，采用吊装带与管段模块绑扎、吊装带再与捯链连接的方式，管段模块安装到位后及时用螺栓与水泵进行固定连接（图 9.5-42）。

图 9.5-41　阀门短管组装

图 9.5-42　组装构件装配

D. 单元模块水泵主管安装

（A）将预制完成的单元模块水泵主管运输至组装现场；

（B）利用模块单元上方的两组吊点，采用捯链将水泵主管道进行提升安装。

（C）水泵主管道在提升过程中保持管道水平，以防止管道倾斜，发生侧翻（图 9.5-43、图 9.5-44）。

图 9.5-43　组装构件装配

图 9.5-44　喷漆完效果

12）地铁一站式机房预制装配施工工法模块运输

加工中心与项目相距 35km，车程大约 40min；运输过程按照现代化物流运输的方式，将各个子模块以机械部件的形式进行打包、编码，借助现代化的信息管理手段，完成运输任务。场内运输尽早规划，以方便总包单位安排砌体施工顺序，预留设备运输通道，载荷计算，运输采取必要加固措施。现场采用卷扬机、地坦克进行整体运输，图 9.5-45 为运输线路规划。

图 9.5-45　运输路线规划

① 地铁一站式机房预制装配施工工法模块在厂里采用叉车运输至平板货车（图 9.5-46）。

② 平板货车运输到地铁站风亭口（图 9.5-47）。

③ 运输至风亭口，由汽车起重机进行吊装到地铁站（图 9.5-48）。

④ 设备运输过程中，牵引设备运行速度要缓慢，设备行进速度不能过快，单元模块前后坡度不要过大，保证设备运输平稳进行（图 9.5-49）。

图 9.5-46　加工厂内运输

⑤ 在设备运输过程中设备需要转向时，通过调整地坦克的方向进行转向，地坦克方向调整时，用两台起道器同时对模块单元进行提升，提升速度要缓慢，提升高度不要过高，高度满足地坦克能调整即可（图 9.5-50）。

图 9.5-47　场外运输

图 9.5-48　现场吊装

图 9.5-49　水平运输　　　　　　　　　图 9.5-50　地坦克转向

⑥ 根据设备的精密要求，对基础进行找平，按纵横方向尺寸，使之保持在同一平面上（图 9.5-51）。

13）现场装配

① 循环水泵模块现场装配

本项目地铁一站式机房预制装配施工工法模块共计 2 台，单元模块进行整体运输至制冷机房，只需要和制冷机完成碰口安装（图 9.5-52）。

图 9.5-51　地坦克安装设备　　　　　　图 9.5-52　现场安装（一）

② 管道现场装配

根据制冷机组管道单元管道的型号，设计便于管道垂直运输的抱卡，抱卡与叉车的货叉连接，抱卡通过螺栓将管道单元抱死，既方便管道的运输、管道的对口连接，也实现管道抱卡的多次重复利用（图 9.5-53、图 9.5-54）。

图 9.5-53　现场安装（二）　　　　　　图 9.5-54　现场安装（三）

6. 材料与设备

（1）施工用机械（表 9.5-2）

机械表 表 9.5-2

序号	机械名称	规格型号	数量	状况
1	叉车	5t	3 台	良好
2	剪叉升高车	4m	2 台	良好
3	悬臂式自动焊机		1 台	良好
4	六轴四联动数控相贯线切割机		1 台	良好
5	组对中心		1 台	良好
6	手拉葫芦	2t	20 套	良好
7	等离子切割机	LGK60	1 台	良好
8	电动坡口机	ISY-80	1 台	良好
9	直流电焊机	ZX7315	5 台	良好
10	切割机	400mm	1 台	良好
11	卷扬机		2 台	良好
12	空气压缩机	PS49120	2 台	良好
13	地坦克	20t	6 套	良好
14	起道器		2 套	良好
15	台钻	DP-25	3 台	良好
16	电动葫芦	CD1-10t	2 台	良好

（2）施工材料（表 9.5-3）

材料表 表 9.5-3

序号	材料名称	型号规格	数量	用途
1	循环水泵	以装配图为准	4 台	主材
2	阀门	以装配图为准	以施工图为准	主材
3	无缝钢管	以装配图为准	以施工图为准	主材
4	螺旋焊管	以装配图为准	以施工图为准	主材
5	型钢槽钢	以装配图为准	以施工图为准	管道支架
6	型钢工字钢	工 14 号	以施工算量为准	钢结构支撑架
7	水泵惰性块	以装配图为准	4 套	循环水泵基础
8	减振弹簧	以装配图为准	16 套	循环水泵、管道减震
9	木托	以装配图为准	若干	防冷桥
10	钢板	以装配图为准	以施工算量为准	铁构件制作
11	螺栓	以装配图为准	若干	安装
12	法兰片	以装配图为准	若干	管道设备连接
13	活套法兰	以装配图为准	若干	管道连接调节

（3）劳动力（表 9.5-4）

劳动力组织情况 表 9.5-4

序号	单项工程	所需人数（人）
1	管理人员	6

序号	单项工程	所需人数（人）
2	深化设计出图人员	2
3	预制加工厂工人	6
4	现场组装工人	4
5	运输、吊装工人	4
6	测量放线工人	2
7	防腐除锈	2

7. 质量控制

（1）该工法在施工过程中所需的执行标准

《建筑电气工程施工质量验收规范》GB50303—2015；

《通风与空调工程施工质量验收规范》GB50243—2016；

《建筑给水排水及采暖工程施工质量验收规范》GB50242—2002；

《民用建筑供暖通风与空气调节设计规范》GB50736—2012；

《现场设备、工业管道焊接施工规范》GB50236—2011；

《现场设备、工业管道焊接施工质量验收规范》GB50683—2011；

《机械设备安装工程施工及验收通用规范》GB50231—2009。

（2）施工质量保证措施

1）材料进场后，材料员与现场专业工长共同验收材料，按照订货与发货清单逐一清点，核对其型号、规格及数量是否与清单一致，并及时收取各种材料合格证及技术检测参数报告。

2）管线深化设计综合排布应严格按照相关规范要求进行，修改系统参数需经设计院复核。

3）预制加工厂工人应严格按照装配图纸施工，如有标注不清或对图纸不明白的地方，及时与现场管理人员沟通。

4）管道坡口采用专用坡口机进行，坡口内外面焊线左右200mm的宽度内应除掉污物。

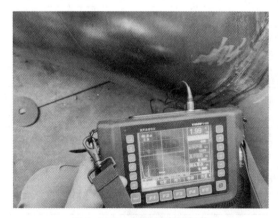

图9.5-55　焊缝超声波探伤

5）焊缝加强部分如不足应补焊，如过高、过宽则做修整；焊缝或热影响区表面有裂纹，应将焊口铲除，重新焊接；焊缝表面有弧坑、夹渣或气孔，应铲除缺陷后补焊；支管高度和朝向应严格按照制作图进行控制，图9.5-55为焊缝超声波探伤。

6）管道加工完成后，注意对管道成品的保护，管道放置到组装车间时不得野蛮卸载。

7）组装车间严格按照装配图纸组装，

不得随意改变管道尺寸及支吊架安装位置。

8）钢结构型钢、支架、管道面漆均刷油漆，油漆要刷均匀，色泽良好，面漆要完全盖住底漆。

9）钢结构型钢、支架、管道焊接时，焊缝饱满，不平滑处应打磨，及时去药皮、焊渣，做好防腐。

10）施工完成后，注意成品的保护工作，管道出口、风口做好封堵保护工作。

8. 安全措施

（1）安全生产保证体系

为加强现场安全管理，尽最大限度地减少现场安全风险，加强对现场重大危险源的控制，项目制定了详细的安全管理体系，成立安全管理小组，分工到人，专人专项负责现场安全管理与监督检查，图 9.5-56 为安全生产责任制。

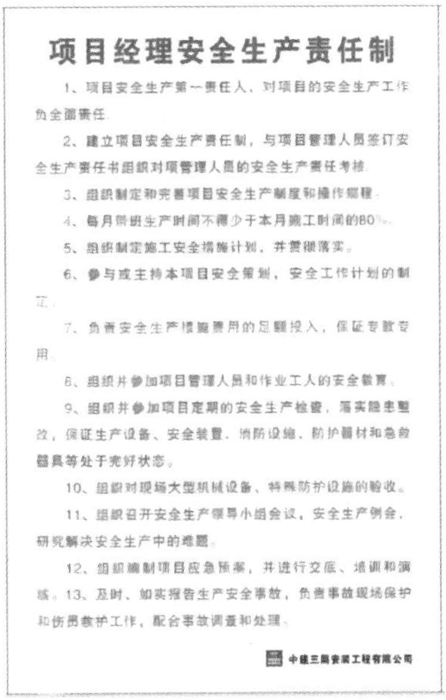
项目经理安全生产责任制

1、项目安全生产第一责任人，对项目的安全生产工作负全面责任。

2、建立项目安全生产责任制，与项目管理人员签订安全生产责任书组织对项管理人员的安全生产责任考核。

3、组织制定和完善项目安全生产制度和操作规程。

4、每月带班生产时间不得少于本月施工时间的80%。

5、组织制定施工安全措施计划，并贯彻落实。

6、参与或主持本项目安全策划，安全工作计划的制定。

7、负责安全生产措施费用的足额投入，保证专款专用。

8、组织并参加项目管理人员和作业工人的安全教育。

9、组织并参加项目定期的安全生产检查，落实隐患整改，保证生产设备、安全装置、消防设施、防护器材和急救器具等处于完好状态。

10、组织对现场大型机械设备、特殊防护设施的验收。

11、组织召开安全生产领导小组会议，安全生产例会，研究解决安全生产中的难题。

12、组织编制项目应急预案，并进行交底、培训和演练。13、及时、如实报告生产安全事故，负责事故现场保护和伤员救护工作，配合事故调查和处理。

中建三局安装工程有限公司

图 9.5-56 安全生产责任制

（2）安全操作

1）电工及特种作业工人应持证上岗，工人上岗须戴好个人防护用品，不准穿塑料底鞋和硬底鞋，严禁酒后作业。

2）预制加工厂内，机械设备比较多，应保证线路满足负荷要求并带漏电保护器（额定漏电动作电流值应符合临电规范）。

3）高空作业时，应注意高空作业安全，并采取相应的安全作业措施（如安全带），凡有高血压、心脏病、贫血、深度近视及恐高的人员不能从事高空作业。

4）高空作业时，要把安全带挂在可靠的牢固点（可牢系于操作平台上方通长架设的钢丝绳上，安全且方便移动）。

5）预制加工厂内，严格按照机械操作规章要求操作机械，严禁野蛮使用操作机械。

6）施工前对施工人员进行安全技术交底，以此提高施工人员安全意识。

7）现场进行管段吊装、模块运输时，四周应设立警示牌，严禁无关人员靠近。

8）管段在运输过程中，速度不要过快，防止管段在运输过程中发生侧翻。

9）叉车在机房内运输装配安装时，应设置报警灯。

图 9.5-57 为设备操作规程。

9. 环保措施

车间在管道除锈、切割、焊接过程中，烟尘弥漫。为确保车间可持续生产、环保施工，保证工人身心健康，增设车间焊烟除尘，用于加工过程中管道除锈除尘、管道相贯线除尘、机器人焊接工作站除尘，等离子切割除尘，管道自动焊除尘、分散的手把焊焊烟除尘，采用分散收集，集中处理的方案（图 9.5-58）。

焊接烟尘是由于焊丝端部和母材金属在电弧高温的作用下蒸发为金属蒸气，向四周扩散的过程中受到周围较冷空气的冷却和氧化作用，最终形成的固体颗粒，在烟尘形成初期，由于温度较高，烟尘会有一段漂浮上升的过程，继而消散在空气中。利用烟尘漂浮上

图 9.5-57　设备操作规程

图 9.5-58　除尘系统

升这一特性和集烟罩内负压空气的作用下，把未消散的烟尘引流至集烟罩内，并在风机负压的作用下将烟尘带至烟尘净化器内净化，达标后的空气经由烟囱排放。排放标准执行《大气污染物综合排放标准》GB16297-1996。

图 9.5-59　焊烟除尘系统

（1）使区域内有害污染物的浓度远低于国家强制性标准。确保作业现场环境美观，空气清新，打造健康生产理念；

（2）采用先进、合理、成熟、可靠的处理工艺，产品采用模块性集成技术，处理效果好，不会产生废渣、废气等二次污染；

（3）确保废气粉尘净化系统持续稳定运行，操作简便，设备完好率高，故障率低。

（4）确保整体设计优化、合理、简洁、美观；

（5）确保能耗低、物耗少；运行费用少，管理成本低。

图 9.5-59 为焊烟除尘系统。

10. 效益分析

（1）经济效益

西安地铁 14 号线项目是服务于第十四届运动会的重点工程，具有工期紧的特点。新寺站制冷机房通过 BIM 全专业协同深化设计，管线优化综合排布，地铁一站式机房预制装配施工工法节约机房面积 30%，节约材料 15%，现场施工时间由 20 天，节省到 1 天，具有节地、节材、节时的优势。通过工厂预制加工，减少现场施工的安全隐患，提高工程质量。与原设计相比节约材料大型管材 40 多米，由于采用场外工厂化预制的加工方式，极大地提高了施工效率及施工质量，节约了人工成本。

（2）社会效益

中建三局安装工程有限公司加工中心，通过技术创新，研究适用于轨道交通领域的"地铁一站式机房预制装配施工工法"，将地铁站制冷机房进行标准化和产品化设计，利用先进的数字化加工设备，在加工中心进行高质量、高精度、高效率的预制加工，并在工厂内进行装配，现场只需完成安装两个高度集成的模块，可以极大发挥节地、节材、节时等优势。

11. 应用实例

（1）西安地铁 14 号线地铁一站式机房预制装配施工工法

工程名称：西安地铁 14 号线项目。

站点：新寺站。

制冷机房工程量：2 个模块，包含 4 台水泵，36 台阀门。

开竣工日期：2019 年 9 月～2021 年 6 月

应用效果：良好（图 9.5-60）。

（2）郑州地铁 3 号线地铁一站式机房预制装配施工工法

工程名称：郑州地铁 3 号线项目。

站点：新柳路站—沙门路站—兴隆铺路站—东风路站—农业路站—黄河路站—金水路站—太康路站 8 个站房。

制冷机房工程量：每个站房包括 2 个模块，包含 4 台水泵，36 台阀门。

开竣工日期：2017 年 4 月～2020 年 12 月。

应用效果：良好（图 9.5-61）。

图 9.5-60　西安地铁 14 号线项目　　　　图 9.5-61　郑州地铁 3 号线项目黄河路站

12. 附件目录

（1）关键技术的鉴定、评估证书复印件（图 9.5-62）

(a)   (b)

图 9.5-62　关键技术的鉴定、评估证书复印件

（2）关键技术获科技成果奖励的证明（图 9.5-63、图 9.5-64）
工法实施过程照片（图 9.5-65～图 9.5-71）

图 9.5-63　2020 年全国安装人"五小"
成果短视频大赛二等奖

图 9.5-64　中建三局安装工程有限公司
首届青年创新创意大赛二等奖

图 9.5-65 管道除锈

图 9.5-66 管道切割

(a)

(b)

图 9.5-67 管道组对

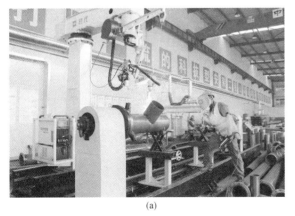

(a)

(b)

图 9.5-68 管道焊接

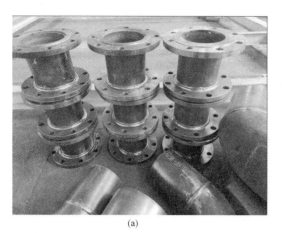
(a)

(b)

图 9.5-69　焊接效果

图 9.5-70　模块装配

图 9.5-71　装配完成

第10章 附 件

10.1 材料设备参数清单

材料设备参数清单见表10.1-1。

材料设备参数清单 表 10.1-1

序号	名称	材料品种	规格参数	使用部位	设计规格参数	备注
1						
2						
3						
4						
5						
6						
7						
8						
9						

10.2 物资（设备）进场验收与复试表

物资（设备）进场验收与复试表见表10.2-1。

物资（设备）进场验收与复试表 表 10.2-1

项目名称							项目编码		
序号	物资(设备)名称	规格型号	验收依据	验收要求			代表批量	复试方法	责任人
				核对资料	外观检查	现场复试			
1									
2									
3									
……									
编制	检验试验工程师		审核		技术总监		批准	项目经理	
时间			时间				时间		

10.3　工艺试验及现场检（试）验表

工艺试验及现场检（试）验表见表 10.3-1。

工艺试验及现场检（试）验表　　　　　　　　　　　　　表 10.3-1

项目名称							项目编码			
序号	检(试)验项目	规格型号	部位	检(试)验依据	试验要求		代表批量	检(试)验方法	责任人
					工艺检验	现场检(试)验			
1									
2									
3									
……									
编制	检验试验工程师		审核		技术总监		批准		项目经理
时间			时间				时间		

10.4　计量器具登记台账

计量器具登记台账见表 10.4-1。

计量器具登记台账　　　　　　　　　　　　　　表 10.4-1

项目名称									项目编码					
序号	计量器具				生产厂家	出厂编号	购置日期	检定周期	检定单位	检定证书编号	最近检定日期	计划检定时间	使用单位	送检负责人	备注
	自编号	管理类别	名称	规格型号											
1															
2															
……															
计量员			主管			填报日期									

10.5　专业接口识别清单

专业接口识别清单见表 10.5-1。

专业接口识别清单   表 10.5-1

功能区域		机电	智能	装饰	电梯	标识	……
地下室	车库	土建:二次结构设计(含二次柱、梁、墙,预留洞口处理节点等)机电:提供预留预埋图纸					
	水泵房						
	风机房						
	……						
主入口							
……							

10.6 专业接口需求清单

专业接口需求清单见表 10.6-1。

专业接口需求清单   表 10.6-1

项目名称: 　项目

编制单位: 　公司(　专业分包)

编号: 　　　　　　　　　　　　　　　　　　编制日期

序号	本专业设急需各方提交的资料清单	提交方	用途	资料类型	所需资料的具体要求	提交时间
1	机电预留预埋图	机电分包	确定土建二次结构定位	CAD图纸	明确各专业洞口定位,需标注洞口尺寸、位置、标高、专业等	
2						
3						
4						
5						

注: 1. 本表为某分包专业设计所需其他专业分包提交的资料样表,各单位参照本样表自行填写需求;

2. 各单位务必将本专业设计所需资料一次提全,不要遗漏,避免造成补充或修改。因前期未提全,而导致后续设计、施工出现问题,责任自行承担。

3. 各分包提交的接口需求表,总包将会对其合理性、全面性进行审核,并满足各分包的合理需求。

10.7 专业接口提资表

专业接口提资表见表 10.7-1。

专业接口提资表   表 10.7-1

编号：

项目名称	项目		
提资单位			
对应需求编号		版本	A(B、C 等依次升级)

总包设计与技术部：

　　附件内容为公司对于某专业接口需求提资，具体内容详见附件。我部承诺本次提资的准确性和完备性满足需求。

　　附件1：机电预留洞口图。电子版有效性凭证：云盘链接/公邮附件，链接地址：

注：所有链接需保证其永久有效性。

成果及知识产权证明文件

陕西省省级工法证书

工法名称：制冷机房预制装配施工工法

工法编号：SXSJGF2017-142

批准文号：陕建发〔2017〕404号

完成单位：中建三局安装工程有限公司

工法主要完成人：徐建 邱丽 冯幸慧 刘娇 刘智荣

陕西省住房和城乡建设厅

二〇一七年一月十九日

省级工法证书

工法名称：制冷机房"整体式"与"高架式"预制装配施工工法

批准文号：湖北省住房和城乡建设厅公告第1号

工法编号：HBGF280-2020

编制单位：中建三局安装工程有限公司

工法主要完成人：徐建、祝义成、刘娇、邱颖、雷雨

湖北省住房和城乡建设厅

2021年1月5日

2021年度中国建筑第三工程局有限公司局级工法

获奖证书

工法名称：地铁一站式机房预制装配施工工法

工法编号：GF/30332-2021

完成单位：安装公司

主要完成人：雷 雨

证书号：2021-G-32-R4

二〇二二年三月

ICS 91.200

中国安装协会团体标准　　团体标准

P　　　　　　　　　　　　T/CIAS-4-2021

冷热源机房机电装配式施工技术标准

Technical standard for electromechanical assembly
construction of hot and cold source room

2021-11-26 发布　　　2021-12-01 实施

中国安装协会　发布

Q

中国建筑集团有限公司企业标准

Q/ZJ0010-2021

建筑机电安装工程模块化施工技术标准

2021—11—16 发布   2022—01—01 实施

中国建筑集团有限公司　发布

证书号 第4451480号

发 明 专 利 证 书

发 明 名 称：船舱式制冷机房及其构筑方法

发 明 人：裴以军;赵广振;潘洪涛;李永峰;申均卫;孟亮;胡创;余亮
邹样;刘凡

专 利 号：ZL 2019 1 0334056.3

专利申请日：2019 年 04 月 24 日

专 利 权 人：中建三局安装工程有限公司

地 址：430064 湖北省武汉市武昌区武珞路 456 号

授权公告日：2021 年 06 月 01 日 授权公告号：CN 110107972 B

国家知识产权局依照中华人民共和国专利法进行审查,决定授予专利权,颁发发明专利证书并在专利登记簿上予以登记。专利权自授权公告之日起生效。专利权期限为二十年,自申请日起算。

专利证书记载专利权登记时的法律状况。专利权的转移、质押、无效、终止、恢复和专利权人的姓名或名称、国籍、地址变更等事项记载在专利登记簿上。

局长 申长雨

第 1 页（共 2 页）

证书号 第2840012号

发 明 专 利 证 书

发 明 名 称：一种用于水平多管道对口连接的新型支吊架及施工工艺

发 明 人：冯宇慧;邱丽;刘娇;许泽龙;胡井龙;夏峰;李江涛;李浩

专 利 号：ZL 2015 1 1003311.4

专利申请日：2015 年 12 月 29 日

专 利 权 人：中建三局机电工程有限公司

授权公告日：2018 年 03 月 09 日

本发明经过本局依照中华人民共和国专利法进行审查,决定授予专利权,颁发本证书并在专利登记簿上予以登记。专利权自授权公告之日起生效。

本专利的专利权期限为二十年,自申请日起算。本申请应当自每年 12 月 29 日前缴纳年费。未按照规定缴纳年费的,专利权自应当缴纳年费期满之日起终止。

专利证书记载专利权登记时的法律状况。专利权的转移、质押、无效、终止、恢复和专利权人的姓名或名称、国籍、地址变更等事项记载在专利登记簿上。

局长 申长雨

第 1 页（共 1 页）

证书号 第16650163号

实 用 新 型 专 利 证 书

实用新型名称：一种用于两台冷机平行并联安装的管道阀组成套集成模块

发 明 人：雷雨;贺程

专 利 号：ZL 2021 2 2594021.9

专利申请日：2021 年 10 月 27 日

专 利 权 人：中建三局安装工程有限公司

地 址：430000 湖北省武汉市东湖新技术开发区高新大道 799 号第
7-9 层

授权公告日：2022 年 06 月 03 日 授权公告号：CN 216667862 U

国家知识产权局依照中华人民共和国专利法经过初步审查,决定授予专利权,颁发实用新型专利证书并在专利登记簿上予以登记。专利权自授权公告之日起生效。专利权期限为十年,自申请日起算。

专利证书记载专利权登记时的法律状况。专利权的转移、质押、无效、终止、恢复和专利权人的姓名或名称、国籍、地址变更等事项记载在专利登记簿上。

局长 申长雨

第 1 页（共 2 页）

证书号 第16655679号

实 用 新 型 专 利 证 书

实用新型名称：一种用于两台冷机对立并联安装的管道阀组成套集成模块

发 明 人：雷雨;张建霞

专 利 号：ZL 2021 2 2595683.8

专利申请日：2021 年 10 月 27 日

专 利 权 人：中建三局安装工程有限公司

地 址：430000 湖北省武汉市东湖新技术开发区高新大道 799 号第
7-9 层

授权公告日：2022 年 06 月 03 日 授权公告号：CN 216667863 U

国家知识产权局依照中华人民共和国专利法经过初步审查,决定授予专利权,颁发实用新型专利证书并在专利登记簿上予以登记。专利权自授权公告之日起生效。专利权期限为十年,自申请日起算。

专利证书记载专利权登记时的法律状况。专利权的转移、质押、无效、终止、恢复和专利权人的姓名或名称、国籍、地址变更等事项记载在专利登记簿上。

局长 申长雨

第 1 页（共 2 页）

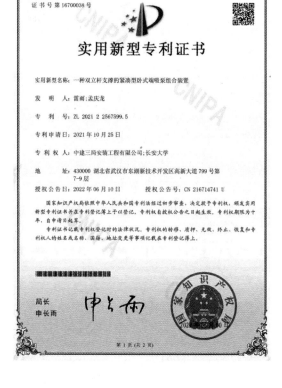

证书号 第16575068号

实用新型专利证书

实用新型名称：一种自定心数字化控制的干支管组对装置

发　明　人：雷雨；马军星

专　利　号：ZL 2021 2 2582925.X

专利申请日：2021年10月26日

专 利 权 人：中建三局安装工程有限公司；长安大学

地　　　址：430000 湖北省武汉市东湖新技术开发区高新大道799号第7-9层

授权公告日：2022年05月24日　　授权公告号：CN 216576391 U

　　国家知识产权局依照中华人民共和国专利法经过初步审查，决定授予专利权，颁发实用新型专利证书并在专利登记簿上予以登记。专利权自授权公告之日起生效，专利权期限为十年，自申请日起算。

　　专利证书记载专利权登记时的法律状况。专利权的转移、质押、无效、终止、恢复和专利权人的姓名或名称、国籍、地址变更等事项记载在专利登记簿上。

局长
申长雨

第 1 页 (共 2 页)

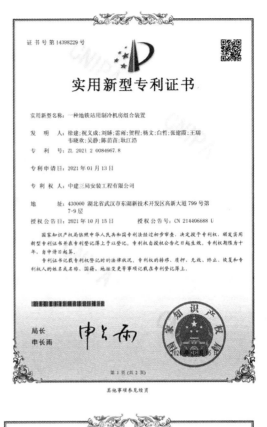

证书号 第14398229号

实用新型专利证书

实用新型名称：一种地铁站用制冷机房组合装置

发　明　人：徐建；祝义成；刘娇；雷雨；贺程；杨文；白哲；张建霞；王瑞；韦晓欢；吴静；陈苗苗；耿江浩

专　利　号：ZL 2021 2 0084967.8

专利申请日：2021年01月13日

专 利 权 人：中建三局安装工程有限公司

地　　　址：430000 湖北省武汉市东湖新技术开发区高新大道799号第7-9层

授权公告日：2021年10月15日　　授权公告号：CN 214406688 U

　　国家知识产权局依照中华人民共和国专利法经过初步审查，决定授予专利权，颁发实用新型专利证书并在专利登记簿上予以登记。专利权自授权公告之日起生效，专利权期限为十年，自申请日起算。

　　专利证书记载专利权登记时的法律状况。专利权的转移、质押、无效、终止、恢复和专利权人的姓名或名称、国籍、地址变更等事项记载在专利登记簿上。

局长
申长雨

第 1 页 (共 2 页)

其他事项参见续页

证书号 第15384168号

实用新型专利证书

实用新型名称：一种多功能伸缩式角型导流扩散过滤器

发　明　人：周敏；吴潇；祝义成；刘娇；李文涛；雷雨；贺程；王瑞；韦晓欢；孙航；张建霞

专　利　号：ZL 2021 2 1375233.1

专利申请日：2021年06月21日

专 利 权 人：中建三局安装工程有限公司
中国建筑西北设计研究院有限公司

地　　　址：430000 湖北省武汉市东湖新技术开发区高新大道799号第7-9层

授权公告日：2022年01月04日　　授权公告号：CN 215410775 U

　　国家知识产权局依照中华人民共和国专利法经过初步审查，决定授予专利权，颁发实用新型专利证书并在专利登记簿上予以登记。专利权自授权公告之日起生效，专利权期限为十年，自申请日起算。

　　专利证书记载专利权登记时的法律状况。专利权的转移、质押、无效、终止、恢复和专利权人的姓名或名称、国籍、地址变更等事项记载在专利登记簿上。

局长
申长雨

第 1 页 (共 2 页)

其他事项参见续页

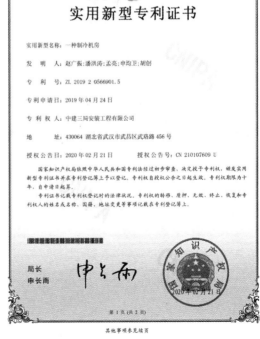

证书号 第10095977号

实用新型专利证书

实用新型名称：一种制冷机房

发　明　人：赵广振；潘洪涛；孟亮；申均卫；胡创

专　利　号：ZL 2019 2 0566901.5

专利申请日：2019年04月24日

专 利 权 人：中建三局安装工程有限公司

地　　　址：430064 湖北省武汉市武昌区武珞路456号

授权公告日：2020年02月21日　　授权公告号：CN 210107609 U

　　国家知识产权局依照中华人民共和国专利法经过初步审查，决定授予专利权，颁发实用新型专利证书并在专利登记簿上予以登记。专利权自授权公告之日起生效，专利权期限为十年，自申请日起算。

　　专利证书记载专利权登记时的法律状况。专利权的转移、质押、无效、终止、恢复和专利权人的姓名或名称、国籍、地址变更等事项记载在专利登记簿上。

局长
申长雨

第 1 页 (共 2 页)

其他事项参见续页

证书号第10095976号

实用新型专利证书

实用新型名称：便于检修的制冷机房

发　明　人：赵广振;潘洪涛;孟亮;申均卫;胡创;吴鑫

专　利　号：ZL 2019 2 0566899.1

专利申请日：2019 年 04 月 24 日

专 利 权 人：中建三局安装工程有限公司

地　　　址：430064 湖北省武汉市武昌区武珞路 456 号

授权公告日：2020 年 02 月 21 日　　授权公告号：CN 210107608 U

　　国家知识产权局依照中华人民共和国专利法经过初步审查，决定授予专利权，颁发实用新型专利证书并在专利登记簿上予以登记。专利权自授权公告之日起生效。专利权期限为十年，自申请日起算。

　　专利证书记载专利权登记时的法律状况。专利权的转移、质押、无效、终止、恢复和专利权人的姓名或名称、国籍、地址变更等事项记载在专利登记簿上。

局长　申长雨

第 1 页（共 2 页）

其他事项参见续页

证书号第11743588号

实用新型专利证书

实用新型名称：一种高度可调的工件升降装置

发　明　人：袁波宏;何春隽;雷雨;陈明;何鹏程

专　利　号：ZL 2019 2 1939023.3

专利申请日：2019 年 11 月 08 日

专 利 权 人：中建三局安装工程有限公司

地　　　址：430223 湖北省武汉市东湖新技术开发区高新大道799 号第7-9 层

授权公告日：2020 年 10 月 27 日　　授权公告号：CN 211769994 U

　　国家知识产权局依照中华人民共和国专利法经过初步审查，决定授予专利权，颁发实用新型专利证书并在专利登记簿上予以登记。专利权自授权公告之日起生效。专利权期限为十年，自申请日起算。

　　专利证书记载专利权登记时的法律状况。专利权的转移、质押、无效、终止、恢复和专利权人的姓名或名称、国籍、地址变更等事项记载在专利登记簿上。

局长　申长雨

第 1 页（共 2 页）

其他事项参见续页

证书号第16119435号

实用新型专利证书

实用新型名称：一种水泵出口斜接且多泵并联的双层泵组装置

发　明　人：雷雨;魏启青

专　利　号：ZL 2021 2 2570200.9

专利申请日：2021 年 10 月 25 日

专 利 权 人：中建三局安装工程有限公司
　　　　　　陕西威沣通达能源装备有限公司

地　　　址：430000 湖北省武汉市东湖新技术开发区高新大道799 号第7-9 层

授权公告日：2022 年 03 月 25 日　　授权公告号：CN 216131107 U

　　国家知识产权局依照中华人民共和国专利法经过初步审查，决定授予专利权，颁发实用新型专利证书并在专利登记簿上予以登记。专利权自授权公告之日起生效。专利权期限为十年，自申请日起算。

　　专利证书记载专利权登记时的法律状况。专利权的转移、质押、无效、终止、恢复和专利权人的姓名或名称、国籍、地址变更等事项记载在专利登记簿上。

局长　申长雨

第 1 页（共 2 页）

其他事项参见续页

证书号第16599956号

实用新型专利证书

实用新型名称：一种用管道做支撑的卧式双吸双层泵组装置

发　明　人：雷雨;高舒林

专　利　号：ZL 2021 2 2582924.5

专利申请日：2021 年 10 月 26 日

专 利 权 人：中建三局安装工程有限公司;陕西思拓机电工程有限公司

地　　　址：430000 湖北省武汉市东湖新技术开发区高新大道799 号第7-9 层

授权公告日：2022 年 05 月 27 日　　授权公告号：CN 216617925 U

　　国家知识产权局依照中华人民共和国专利法经过初步审查，决定授予专利权，颁发实用新型专利证书并在专利登记簿上予以登记。专利权自授权公告之日起生效。专利权期限为十年，自申请日起算。

　　专利证书记载专利权登记时的法律状况。专利权的转移、质押、无效、终止、恢复和专利权人的姓名或名称、国籍、地址变更等事项记载在专利登记簿上。

局长　申长雨

第 1 页（共 2 页）

其他事项参见续页

证书号 第16637730号

实用新型专利证书

实用新型名称：一种用管道自身做支撑结构的多台泵并联的双层泵组装置

发 明 人：雷雨；邹斌

专 利 号：ZL 2021 2 2582932.X

专利申请日：2021 年 10 月 26 日

专 利 权 人：中建三局安装工程有限公司
西安易筑机电工业化科技有限公司

地 址：430000 湖北省武汉市东湖新技术开发区高新大道 799 号第7-9 层

授权公告日：2022 年 06 月 03 日   授权公告号：CN 216666922 U

国家知识产权局依照中华人民共和国专利法经过初步审查，决定授予专利权，颁发实用新型专利证书并在专利登记簿上予以登记。专利权自授权公告之日起生效。专利权期限为十年，自申请日起算。

专利证书记载专利权登记时的法律状况。专利权的转移、质押、无效、终止、恢复和专利权人的姓名或名称、国籍、地址变更等事项记载在专利登记簿上。

局长
申长雨

第 1 页 (共 2 页)

证书号 第6559828号

实用新型专利证书

实用新型名称：一种制冷机房用循环水泵组合装置

发 明 人：冯幸慧；刘娇；邱丽；刘智荣；柴正昕；雷雨

专 利 号：ZL 2016 2 1321852.1

专利申请日：2016 年 12 月 05 日

专 利 权 人：中建三局安装工程有限公司

授权公告日：2017 年 10 月 24 日

本实用新型经过本局依照中华人民共和国专利法进行初步审查，决定授予专利权，颁发本证书并在专利登记簿上予以登记。专利权自授权公告之日起生效。

本专利的专利权期限为十年，自申请日起算。专利权人应当依照专利法及其实施细则规定缴纳年费。本专利的年费应当在每年 12 月 05 日前缴纳。未按照规定缴纳年费的，专利权自应当缴纳年费期满之日起终止。

专利证书记载专利权登记时的法律状况。专利权的转移、质押、无效、终止、恢复和专利权人的姓名或名称、国籍、地址变更等事项记载在专利登记簿上。

局长
申长雨

第 1 页 (共 1 页)